Schriften der Landesbibliothek Oldenburg
Hrsg. von Corinna Roeder
77

Aries Wieder – Vervex Hamel – Agnus Lam – Ovis peregrina. Bildtafel aus Jonstons Historiae naturalis de quadrupedibus libri IV (Nr. 3).

„Dies fromme Wollen-Thier“

Die Welt des Schafes in Bücherschätzen aus acht Jahrhunderten

Begleitheft zur Ausstellung
in der Landesbibliothek Oldenburg 7. März – 26. April 2025

Hans Beelen

Isensee Verlag
Oldenburg

Bearbeiter:innen:
Drs. Hans Beelen, Institut für Niederlandistik, Carl von Ossietzky Universität Oldenburg
Michaela Klinkow M.A., Landesbibliothek Oldenburg (Redaktion)

Abbildungen: Frauke Proschek, Landesbibliothek Oldenburg

Abbildung Umschlag vorne:
Aus des Wollen-Thiers Genüß / Wächst des Reichtums güldnes Vlüß. Das Schaf, von Abraham a Sancta Clara als sanftes und nützliches Tier beschrieben. Im Hintergrund ein Hirte mit weidenden Schafen (Nr. 22).

Abbildung Umschlag hinten:
Entlaufene Schafe zertreten einen Acker. Zeichnung im Oldenburger Sachsenspiegel (Nr. 43).

Bibliografische Information Der Deutschen Bibliothek

Die Deutsche Nationalbibliothek verzeichnet diese Publikation in der Deutschen Nationalbibliografie; detaillierte bibliografische Daten sind im Internet über http://dnb.d-nb.de abrufbar.

ISBN 978-3-7308-2203-6

Gedruckt bei Isensee in Oldenburg

Inhalt

Vorwort

Vom 06. März bis 26. April 2025 zeigt die Landesbibliothek Oldenburg die Ausstellung *„Dies fromme Wollen-Thier". Die Welt des Schafes in Bücherschätzen aus acht Jahrhunderten.* Die von Hans Beelen erarbeitete Ausstellung stellt die Welt des Schafes in kulturhistorischer Perspektive dar. Dabei werden unterschiedlichste Aspekte behandelt, die von der Anatomie des Schafs und der Entwicklung der verschiedenen Schafrassen, über die Rolle des Schafs in Religion, Literatur und Symbolik bis zur Gegenüberstellung von ästhetischer Schäferidylle und hartem Hirtenleben, zur Wollverarbeitung und der Verwertung von Schafsmilch und –fleisch in alten Kochbüchern reichen. Das letzte Kapitel fragt nach der Lebens- und Innenwelt des Schafes selbst als intelligentem und sozialem Tier. Dabei wird uns schnell bewusst: Das Schaf ist zwar eines der ältesten und wichtigsten Haustiere der Menschheit, doch unser Wissen über Schafe ist recht beschränkt und vielfach überlagert von jahrhundertealten kulturellen Zuschreibungen über „dies fromme Wollen-Thier".

Drs. Johannes Beelen lehrt seit 1995 als Dozent am Institut für Niederlandistik der Carl von Ossietzky Universität Oldenburg. Schon 1991 fand eine erste gemeinsame Ausstellung mit der Landesbibliothek statt: „50 niederländische Drucke des 15. bis 18. Jahrhunderts". In den über drei Jahrzehnten seither folgten nicht weniger als acht weitere Ausstellungen, in denen Hans Beelen interessante Aspekte der Kulturgeschichte der Frühen Neuzeit im Spiegel alter Bücher anschaulich werden ließ. Seine ebenso originellen wie kenntnisreichen Ausstellungen und Publikationen sind höchst anregend für alle, die sie besuchen oder lesen, – und ein großes Geschenk für die Landesbibliothek. Für dieses außerordentliche ehrenamtliche Engagement und die wunderbare Zusammenarbeit möchte ich Hans Beelen an dieser Stelle sehr herzlich danken!

Gedankt sei auch meiner Kollegin Michaela Klinkow für die Begleitung der Ausstellung und die Redaktion der Publikation sowie dem Isensee Verlag für die Gestaltung.

Corinna Roeder
Landesbibliothek Oldenburg

Einleitung

Das Schaf wurde schätzungsweise zwischen 8200 und 7500 v. Chr. domestiziert und gehört somit zu den ältesten Haustieren des Menschen. Es ist standorttreu, anspruchslos, robust, genügsam, anhänglich und gehorsam; diese einmalige Kombination von Haltungseigenschaften hat sich der Mensch seit Jahrtausenden zu Nutzen gemacht. Das lebende Schaf gibt Milch, Wolle und Dung: Grundstoffe für Nahrung, Kleidung, Dünger und Brennstoff. Vom geschlachteten Tier werden seit Jahrtausenden Fleisch und sämtliche Organe gegessen; aus dem Fett stellte man Talglichter her, aus dem Wollschweiß Salben und Lanolin; aus den Knochen machte man Leim, aus den Därmen Saiten; Knochen und Horn wurden zu Werkzeugen und Musikinstrumenten, die Häute zu Nomadenzelten, Sackpfeifen, Weinschläuchen und Büchern. Kein anderes Haustier hat in der Geschichte der Menschheit eine so große wirtschaftliche, politische und kulturelle Bedeutung.

Für das Schaf hatte seine Domestizierung ebenfalls tiefgreifende Konsequenzen. Die Tierart erfuhr eine weltweite Verbreitung, hat sich dafür aber dem Menschen unterwerfen müssen, der das Schaf intensiv ausbeutete und manipulierte.

Die Ausstellung „Dies fromme Wollen-Thier“ erzählt von der Beziehung zwischen Schaf und Mensch. Zu diesem welt- und zeitumspannenden Thema werden anhand von 50 Buchexponaten aus den Beständen der Landesbibliothek Oldenburg vorwiegend kulturgeschichtliche Aspekte beleuchtet.

Zunächst wird anhand von frühneuzeitlichen enzyklopädischen und zoologischen Werken ein orientierender Einstieg geboten (*1. ‘Schaafe verschiedener Art’*).

Kochbücher aus verschiedenen Kulturen und Jahrhunderten zeigen anschließend den Einfluss auf die Esskultur, vom alten Rom bis zur Insel Wangerooge (*2. Gekocht, gebraten und geschmort*).

Im islamischen, jüdischen und christlichen Glauben wird Gott als guter Hirte beschrieben, der seine Schafe in Sicherheit führt und sie vor Gefahren schützt. Diese Weltreligionen sind in einer Zeit entstanden, als die Domestizierung des Schafes vorangetrieben wurde; in jenen alten Kulturen besaßen solche ‘pastorale’ Metaphern einen festen Platz im Alltagsleben der Gläubigen (*3. Lamm Gottes*).

In Tiergeschichten und Fabeln ist das Schaf als Protagonist präsent. Die ihm zugeschriebenen symbolischen Bedeutungen schwanken zwischen positiv und negativ, leiten sich aber immer von seiner Rolle als Nutztier oder von der Schafhaltung ab. In der frühneuzeitlichen Gattung der Emblemata, die Bild und Text auf spielerische Art und Weise kombinieren, erfährt die Symbolik des Schafes eine besonders kunstvolle und vielfältige Auswirkung (*4. Sinnreiches Symbol*).

Im klassischen Altertum wurde von Poeten eine fiktionale Hirtenwelt geschaffen, deren Protagonisten vor dem Hintergrund einer idealisierten Natur miteinander im Gesang konkurrieren und der Liebe und Muße nachgehen. Von Spiel- und Versteckmöglichkeiten im Schäfergewand waren bis ins 18. Jahrhundert nicht nur Literaten fasziniert (*5. 'Et ego in Arcadia'*).

Das reale Hirtenleben, so wie es sich bis ins 20. Jahrhundert nicht nur auf der Lüneburger Heide abspielte, war aber alles andere als idyllisch (*6. Hartes Hirtenleben*).

Das bekannteste und beliebteste Produkt des Schafes ist zweifelsohne Wolle: ein besonderes Material, das auf vielfältiger und manchmal überraschender Art Verwendung findet – und sicherlich noch eine eigene Ausstellung verdient (*7. Das Wollen-Thier*).

Bereits im Oldenburger Sachsenspiegel ist Schafhaltung ein Thema der mittelalterlichen Rechtssicherheit. Im 19. und 20. Jahrhundert sind die Organisation der Zucht und die Industrialisierung der Wollverarbeitung im Oldenburger Land für viele andere Länder repräsentativ (*8. Das Schaf in Oldenburg*).

Zum Schluss dreht sich der Blickwinkel, und die Intelligenz und Gefühlswelt des Schafes selbst werden thematisiert (*9. Die Welt des Schafes*).

Yan, tan, tether, pathas, pimp, setha, letha, hova, dova: so zählen M.L. Ryder (*Sheep and Man*) zufolge die Schafhirten im Upper Wharfedale (North Yorkshire) bis neun. Die Zusammenarbeit mit der Landesbibliothek Oldenburg war wiederum ein großes Vergnügen. Das hängt nicht nur mit den reichen historischen Buchbeständen zusammen: Ich danke an dieser Stelle Corinna Roeder, Michaela Klinkow, Frauke Proschek und allen anderen MitarbeiterInnen für die Unterstützung und die sehr angenehme Zusammenarbeit auch in diesem Ausstellungsprojekt, zu Bedenken gebend, dass die Schafhirten im Upper Wharfedale es gewohnt sind, bis *gigit* zu zählen.

1. 'Schaafe verschiedener Art'

1 Bartholomeus Anglicus:
Vanden proprieteyten der dinghen.
Haarlem: J. Bellaert, 1485.
Landesbibliothek Oldenburg: CIM II 70

Mit *De proprietatibus rerum* ('Über die Eigenschaften der Dinge') verfasste der gelehrte Franziskanermönch Bartholomeus Anglicus (um 1200-1272) – so genannt, weil er aus England stammte – nach seiner Berufung nach Magdeburg um 1240 eine der ersten Enzyklopädien des Mittelalters, die in 19 Büchern ein umfassendes Kompendium des damaligen Wissens bietet. Das Werk ist in zahlreichen Handschriften und Drucken überliefert. Die aufgeschlagene Seite der laut Kolophon am Heiligabend 1485 gedruckten mittelniederländischen Übersetzung *Vanden proprieteyten der dinghen* zeigt mit einem großformatigen kolorierten Holzschnitt den Anfang des 18. Buches: *Vanden beesten,* 'Über die Tiere'. Zu sehen sind diverse Tiere, die beginnend mit dem Tausendfüßler und endend mit dem Elefanten grob von klein nach groß geordnet sind. In der zweiten Reihe von oben sind Fuchs, Ziege, Schaf, Bär und Schwein erkennbar.
Bartholomeus Anglicus widmet dem Schaf zwei Kapitel, eins dem männlichen (*agnus*), eins dem weiblichen Tier (*agna*). Er verweist auf einen Vorgänger-Enzyklopädisten, den Bischof Isidor von Sevilla (um 560-636), der im 6. Jahrhundert das Wort *agnus* wegen der friedlichen Art und des großen Nutzens des Schafes aus dem griechischen Adjektiv ἄγνος ('gottfällig, heilig') herleitete. Mit einer weiteren vermuteten Etymologie, aus dem lateinischen Verb *agnoscere* ('erkennen'), weisen Isidor und Anglicus auf das bemerkenswerte Vermögen der Lämmer hin, ihre Mütter aus den vielen Tieren der Herde wiederzuerkennen.

2 Conrad Gesner:
De Quadrupedibus viviparis. Editio secunda novis iconibus nec non observationibus non paucis auctior, atque etiam multis in locis emendatior.
Francofurti: Laurentius, 1620.
Landesbibliothek Oldenburg: NW II 7 a 65:1

Der vielseitige Züricher Gelehrte Conrad Ges(s)ner (1516-1565) beherrschte acht Sprachen und gilt als einer der Gründer der Botanik und der Lexikografie. In seinem Geburtsort, wo er Stadtarzt war, wurde 1997 ein historischer Kräutergarten nach ihm benannt. Sein bekanntestes Werk ist die vierbändige *Historia animalium* (1551-1558), deren Folianten mit Holzschnitten dekoriert sind. Aufgeschlagen ist die Zeichnung eines Schweizer Schafes aus dem 16. Jahrhundert (S. 771). Das Tier besitzt spiralförmig gedrehte Hörner, einen langen Schwanz und grauen Wollpelz. Graubünden, der östlichste und größte Kanton der Schweiz, hat im Jahre 1471 diesen Namen erhalten wegen des grauen Tuches, das dort gewebt wurde, weshalb die Züricher Weber auch ‘Grautucher’ genannt wurden.
In der Schweiz wie in vielen anderen alpinen Ländern weiden die Schafe seit Jahrhunderten in der kalten Jahreszeit nah am Wohnort der Eigentümer, während sie die übrige Zeit auf entfernten hohen Weiden verbringen, wobei die Hirten mit ihnen mitziehen. Dieses saisonale Wechselsystem wird Transhumanz oder Wanderweidewirtschaft genannt. Durch den jahreszeitenabhängigen Wechsel der Weidegründe erhalten die Tiere das

Schweizer Schaf des 16. Jahrhunderts.

ganze Jahr über frische Nahrung und müssen nicht wie Stalltiere gehalten werden.
In der vertikalen Transhumanz werden die Tiere über kürzere Entfernungen aus dem Gebirge in die Ebene verbracht. Die horizontale Transhumanz erfolgt über weite Entfernungen, wobei die Wanderung von der Winter- zur Sommerweide einige Monate dauern kann. In Spanien gibt es Weidewege mit einer Gesamtlänge von 125.00 km, in Italien umfassen die längsten 300-350 km. Durch die jahrhundertelange Düngung mit Schafmist sind diese Wege in der kargen Landschaft am grünen Gras deutlich erkennbar.

3 Jan Jonston:
Historiae Naturalis de Quadrupedibus Libri IV. Cum aeneis figuris.
Francofurti ad Moenum: Merianus, um 1650.
Landesbibliothek Oldenburg: NW II 7 a 88

Mit der *Historia naturalis animalium* (1650-1653) legte der Universalgelehrte Jan Jonston (1603-1675) ein umfassendes, illustriertes Kompendium der Naturgeschichte vor. Bis zum Erscheinen von Carl von Linnés *Systema naturae* war es das am meisten verbreitete Handbuch der Tierkunde. Das aufwändig hergestellte fünfbändige Werk enthält 1026 Textseiten und bietet auf 248 Bildtafeln 2859 Abbildungen von Vierfüßlern, Vögeln, Fischen, Walen, Insekten, Schlangen und Drachen. Die Kupferstiche entstanden in der Werkstatt von Matthäus Merian dem Älteren (1593-1650). Es folgten bis ins 18. Jahrhundert zahlreiche Editionen und Übersetzungen.
Aufgeschlagen ist Tafel XXII mit Abbildungen von 'Aries Wieder – Vervex Hamel – Agnus Lam – Ovis peregrina'. Auffällig sind die langen Schwänze, die typisch sind für frühere domestizierte Rassen. Einige speichern dort Fett als Nährstoffreserve, damit sie die Trockenzeit mit dem kargen Futterangebot überstehen. Diese sog. Steatopygie, die in manchen Fällen besonders herausgezüchtet wurde, deutet auf das Stammland des zahmen Schafes: das Steppengebiet Asiens, wo das wilde Mufflon vor etwa 10.000 Jahren domestiziert wurde. Von dort aus wurde das Schaf nach Europa gebracht (wo bereits im frühen Quartär Wildschafe lebten, die jedoch seit der letzten Eiszeit – anders als in Asien und Amerika – zunächst nicht mehr zurückgekehrt waren).

4 Abbildungen zu Oken's Naturgeschichte für alle Stände.
Stuttgart: Hoffmann'sche Verlags-Buchhandlung, 1843.
Landesbibliothek Oldenburg: NW II 1 241:2

Der Bildatlas, mit dem der Naturforscher und -historiker Lorenz Oken (1779-1851) seine 13-bändige *Allgemeine Naturgeschichte für alle Stände* (1833-1841) vollendete, enthält 170 meist farbige Tafeln. Tafel 92 zeigt Wiederkäuer, darunter das Mufflon (Nr. 6). Alle heutigen Hausschafrassen und -typen stammen von einer Wildform ab, dem Armenischen Mufflon. Die Domestizierung erfolgte schätzungsweise zwischen 8200 und 7500 v. Chr. und fand höchstwahrscheinlich in Anatolien und Mesopotamien statt. Schafe gehören somit zu den ältesten Haustieren. Sie sind nicht nur standorttreu, sondern auch robust und genügsam, was sie anpassungsfähig macht in Bezug auf klimatische Bedingungen und Nahrungsangebot. Dies hat wesentlich zur weltweiten Verbreitung beigetragen. Die ursprüngliche Züchtung diente weitgehend der Lieferung von Fleisch. Ab etwa 6500 v. Chr. wurden Schafe auch zunehmend wegen ihrer Wolle gehalten.

5 Petrus Nylandt en J. van Hextor:
Het schouw-toneel der aertsche schepselen. Afbeeldende allerhande menschen, beesten, vogelen, visschen, &c. Met een beschrijvende haer gestalte, hoedanigheden, natuur, krachten, eygenschappen, en genegentheden; met 160 figuren.
Amsterdam: Marcus Willemsz. Doornick, 1671-1672.
Digitalisat Koninklijke Bibliotheek Den Haag: KW 447 F 13

Im 17. Jahrhundert erschienen zahlreiche Werke, die explizit den Wundern der Natur gewidmet waren. *Het schouw-toneel der aertsche schepselen*, verfasst von P. Nylandt und J. van Hextor, beide praktizierende Mediziner in Amsterdam, zeichnet sich im Vergleich zu zeitgenössischen Wunderbüchern durch eine klare Systematik aus. In vier reichbebilderten Teilen werden nacheinander 1. die Völker der Erde, 2. Vierfüßler, Insekten und Schlangen, 3. Vögel und 4. Fische besprochen. Das Werk ist eine Kompilation damals aktueller wissenschaftlicher Literatur mit zahlreichen Verweisen auf Empirie: vielfach werden Tiere vorgestellt, die vor kurzem in Ost und West entdeckt wurden, in Naturaliensammlungen zu besichtigen waren oder alltäglich in heimischen Gefilden zu beobachten waren. Der Erfolg dieses Konzepts zeigt

sich in einer Übersetzung ins Deutsche: *Schauplatz Irdischer Geschöpfe* (Osnabrück: Johann Georg Schwänder, 1678).
In den Kapiteln über den *Ram* ('Widder') und die *Oy* ('Aue') wird betont, dass diese Tiere nicht nur in der direkten alltäglichen Umgebung, sondern auch weltweit in vielen Ländern vorzufinden sind (S. 136-139). Der große Nutzen des Schafes bestehe darin, dass es nicht nur Wolle, Milch und Fleisch spendet, sondern auch in der Heilkunde verwendet wird, und in einigen Teilen der Welt auch als Last- und Transporttier dient.

6 Friedrich Johann Justin Bertuch:
Bilderbuch für Kinder. Enthaltend eine angenehme Sammlung von Thieren, Pflanzen, Blumen, Früchten, Mineralien, Trachten und allerhand andern unterrichtenden Gegenständen aus dem Reiche der Natur, der Künste und Wissenschaften; alle nach den besten Originalen gewählt, gestochen, und mit einer kurzen wissenschaftlichen, und den Verstandes-Kräften eines Kindes angemessenen Erklärung begleitet; Ihro Durchlaucht der Prinzessin Caroline Louise zu Sachsen Weimar und Eisenach, zugeeignet; Zweyter Band.
Weimar: Industrie-Comptoir, 1795.
Landesbibliothek Oldenburg: SPR VIII 363: 2

Ein Bilderbuch hielt der Weimarer Verleger Friedrich Johann Justin Bertuch (1746–1822) „für eine Kinderstube ein eben so wesentliches und noch unentbehrlicheres Meuble als die Wiege, die Puppe, oder das Steckenpferd". Das in 237 Einzellieferungen herausgegebene *Bilderbuch für Kinder* erschien zwischen 1790 und 1830 in einer Auflage von 3.000 Exemplaren. Die 12 Tafelbände enthalten 1.185 kolorierte Bildtafeln mit etwa 6.000 einzelnen Kupferstichen. Als Zeichner und Stecher für die zahlreichen Abbildungen, die überwiegend aus dem breiten Angebot vor allem naturwissenschaftlicher, zeitgenössischer Neuerscheinungen übernommen wurden, beschäftigte Bertuch meist Absolventen der Weimarer Fürstlichen freien Zeichenschule, an deren Gründung 1776 er selbst beteiligt gewesen war. Um die Kinder durch eine vorgegebene Ordnung der dargestellten Dinge nicht zu ermüden, wählte Bertuch eine völlig unsystematische Abfolge der Motive. In den Vorbemerkungen des ersten Bandes schreibt er: „… habe ich die krellste und bunteste Mischung der Gegenstände gemacht und bitte nur immer […] zu bedenken, dass ich es mit Kindern zu thun habe, die ich blos amüsiren will."

Die ausgewählten Bildtafeln XXXII und XXXIII zeigen 'Schaafe verschiedener Art'. Die Mehrzahl der heute in den westlichen Ländern gehaltenen Schafrassen sind Züchtungen, die ab dem 18. Jahrhundert entstanden sind. Bei allen Unterschieden gehören sie biologisch gesehen zu einer einzigen Art (*Ovis ammon* f. aries; die wissenschaftliche Bezeichnung stammt vom Institut für Haustierforschung der Kieler Universität).

7 August von Weckherlin:
Abbildungen der Rindvieh- und andern Hausthier-Racen auf den Privatgütern Seiner Majestät des Königs von Württemberg nebst angehängter Beschreibung.
Hannover: Schäfer, 1984 (Reprint der Ausgabe Stuttgart, 1827-1834).
Landesbibliothek Oldenburg: 4-86-0077

Das Hauptwerk des Agrarwissenschaftlers August von Weckherlin (1794-1868), das 1842 in drei Bändern herausgebrachte Lehr- und Handbuch *Die Landwirthschaftliche Thierproduktion*, gilt als Klassiker der Agrarliteratur des 19. Jahrhunderts. Für Weckherlin war Viehwirtschaft der Schlüssel für eine erfolgreiche Landwirtschaft. Im Alter von 24 Jahren wurde er in Württemberg zum Hofkameralverwalter ernannt; in dieser Funktion bewirtschaftete er die königlichen Domänen Scharnhausen.
Tafel 31 zeigt 'Deutsche/Niederländische Schaafe unter den Heerden Seiner Majestät des Königs von Württemberg.' Die bekanntesten niederländischen Schafrassen sind das Texelschaf, im 19. Jahrhundert auf der Watteninsel Texel aus dem Kleinen Texelschen Kurzschwanzschaf (*Pielsteert*) durch Kreuzung mit verschiedenen englischen Schafen entstanden und vor allem wegen Fleisch und Wolle gehalten, sowie das Veluwsche Heideschaf, das in den östlichen Niederlanden zur Düngung von landwirtschaftlichen Flächen gehalten wurde. Als Mitte des 19. Jahrhunderts der Kunstdünger erfunden wurde, war tierische Düngung nicht mehr rentabel, und damit verschwand das Schaf aus der Landschaft. In den neunziger Jahren des zwanzigsten Jahrhunderts wurde im Bestreben, die Heidelandschaft zu erhalten, das Veluwsche Heideschaf zurückgezüchtet und zum Stammbuchvieh erklärt. Typisch sind die kahlen Unterbeine, die den Gang durch rohes Gelände mit vielem Gestrüpp ermöglichen.
Zur gleichen Zeit, als König Wilhelm I. von Württemberg (1781-1864) auf dem Hofgut Einsiedel niederländische Schafe hielt, brachte König Wilhelm I.

der Niederlande (1772-1843) das besonders feinwollige Merinoschaf aus Deutschland in die Niederlande. In der napoleonischen Zeit hatte der Prinz von Oranien-Nassau bis 1815 sein Exil in Berlin verbracht und das Fürstentum Nassau-Oranien-Fulda regiert. Er war verheiratet mit Friederike Luise Wilhelmine von Preußen (1774-1837), der seit 1812 das Gut Kamenz (Kamieniec Ząbkowicki) in Schlesien gehörte. In Sachsen und Schlesien lebten zahlreiche Merinos, Nachkömmlinge von zwei Herden, die der König von Spanien in den Jahren 1764 und 1775 dem König von Sachsen geschenkt hatte. Obwohl der niederländische König mit den importierten Merinoschafen große Hoffnungen für die Manufakturen im Süden des Vereinigten Königreichs der Niederlande verband, führten Kreuzungsversuche mit einheimischen Rassen nicht zur erwünschten Wollqualität.

2. Gekocht, gebraten und geschmort

8 Apicius Coelius:
De Opsoniis et Condimentis, sive Arte Coquinaria Libri Decem.
Cum Annotationibus Martini Lister, è Medicis domesticis serenissimæ Majestatis Reginæ Annæ. Et notis selectioribus, variisque lectionibus integris, Humelbergii, Casparis Barthii, & Variorum.
Londini: Typis Gulielmi Bowyer, 1705.
Landesbibliothek Oldenburg: SPR XI 2 11

Die alten Römer aßen sehr gerne Lammfleisch. Die Rezeptsammlung *De re coquinaria* ('Über Kochkunst') aus dem 4.-5. Jahrhundert v. Chr, die von alters her dem legendären Gastronomen namens Apicius zugeschrieben wird, enthält mindestens acht Lammgerichte, etwa Lamm gekocht in einer mit Kümmel gewürzten Brühe oder Lamm gegart in Wein mit Zwiebeln und schwarzem Pfeffer. Zu den damals bekannten kulinarischen Zubereitungstechniken gehörten bereits Grillen und Rösten. In einem Gericht wird das Lamm zuerst in Brühe und Öl gegart, dann mariniert und gegrillt, wobei aus der Marinade eine Soße hergestellt wird. Über offenem Feuer gebratenes Lamm wurde mit Pfeffer, Ingwer und Kräutern serviert. Das raffinierteste Rezept der Sammlung ist gefülltes Lamm: ein junges Lamm wird, damit das Fleisch intakt bleibt, durch die Kehle entbeint, anschließend mit Gewürzen poschiert und zu einer Sülze verarbeitet; eine Variante dieses Rezeptes enthielt zerdrückte Datteln.
Im Jahre 1705 erschien vom berühmten römischen Kochbuch eine Edition in London in einer Auflage von 100 Exemplaren, die vom englischen Arzt und Naturforscher Martin Lister (um 1638-1712) herausgegeben und mit Kommentaren versehen war. Zu den Wildschafrezepten Apicius' erzählt Lister auf den aufgeschlagenen Seiten 186-187, dass es in seiner Zeit in den Grafschaften Yorkshire und Westmorland unzählige Schafe gab, die wegen der wüsten und unzugänglichen Landschaft nicht exploitiert werden konnten. Hierbei handelte es sich wohl um ausgewilderte Herden, wie es sie heutzutage noch auf den Hawaii-Inseln gibt.

9 Hiob Ludolf:
Historia Aethiopica sive Brevis et succincta descriptio Regni Habessinorum quod vulgo male Presbyteri Iohannis vocatur.
Francofurti ad Moenum: Joh. David Zunner, 1681.
Landesbibliothek Oldenburg: GE II 4 E 171

Bei einigen domestizierten Schafrassen lagert sich am Hinterkörper als Energiereserve eine große Menge Fett ab. Seit etwa 6.000 Jahren werden sie in Mesopotamien gezielt weiter gezüchtet. Von dort aus gelangten die Schafe nach Afrika. Im 5. Jahrhundert v. Chr. berichtet der griechische Historiker Herodot, dass Fettschwanzschafe in Arabien als Lampenöllieferanten herangezüchtet werden. Der Schwanz, im eigenen Fett geröstet, gelte dort als besondere Delikatesse. Diesen ziehen die Tiere auf kleinen Wägelchen hinter sich her. Eine solche Vorrichtung wurde vom Orientalisten Hiob Ludolf (1624-1704), dem Gründer der äthiopischen Philologie, in seiner Geschichte Äthiopiens (zwischen Folio F3v und F4r) abgebildet.

Äthiopische Schafzüchtungen mit Fettablagerungen.

10 Dictionnaire Portatif de Cuisine, d'Office, et de Distillation, Contenant la maniere de préparer toutes sortes de viandes, de volailles, de gibier, de poissons, de légumes, de fruits, (...); Ouvrage également utile aux Chefs d'Office & de Cuisine les plus habiles, & aux Cuisinieres qui ne sont employées que pour des Tables bourgeoises (...).
Paris: Vincent, 1767.
Landesbibliothek Oldenburg: TE VII 5 31

Das *Dictionnaire Portatif de Cuisine*, erschienen als Anhang zum umfangreichen *Dictionnaire domestique portatif* (1762), ist eine handliche Sammlung der besten Koch-, Back-, Süßwaren- und Likörrezepte des 18. Jahrhunderts im Wörterbuchstil. Dieser Vorläufer des *Larousse gastronomique* vermittelt ein genaues Bild der adligen und hochbürgerlichen Esskultur vor der Französischen Revolution. Dass Lamm einen festen Platz im Speiseplan innehatte, geht aus dem Artikel *Agneau* hervor, wo angemerkt wird, dass dieses Tier so bekannt ist, dass eine Beschreibung sich erübrigt. Vom Lamm wurden viele Körperteile gegessen: der Kopf, die Brust, die Pfoten, die Keule, sowie Leber, Herz und Innereien. Ob der Hannoveraner Universitätsreferent Georg Friedrich Brandes (1719-1791), aus dessen reicher Büchersammlung das Kochbuch stammt, die aufgeschlagenen Rezepte wohl ausprobiert hat?

11 Marcus Loofft:
Nieder-Sächsisches Koch-Buch, oder Sieben hundert und zehn Anweisungs-Regeln: wornach alle und jede, sowohl kostbare, als ordinaire Speisen präpariret auch einige Gärten-Früchte getrocknet und eingemacht werden können; nebst 52 Regeln von den nöthigsten Confituren, Für die Liebhaber mit aller Aufrichtigkeit verfertiget. Eilfte verbesserte Ausgabe.
Lübeck: Christian Iversen und Compagnie, 1778.
Landesbibliothek Oldenburg: TE VII 5 30 (auch als Digitalisat einsehbar)

Dieses Kochbuch, 1758 vom Itzehoer Stadt-Koch verfasst, wurde in Niedersachsen und Schleswig-Holstein viel benutzt, was von 16 Ausgaben bis 1794 sowie einem 1786 separat herausgebrachten Ergänzungsband (*Zweytes Niedersächsisches Koch-Buch*) belegt wird. Das Frontispiz zeigt eine gut ausgestattete bürgerliche Küche mit Bediensteten. Ein großer offener Kamin, in dem Töpfe aufgehängt und hingestellt werden, dient als Kochplatz. Im Hintergrund serviert der Koch das Essen. Das nach der französischen Küche ausgerichtete Kochbuch enthält 22 Rezepte mit Hammel- und 16 mit Lammfleisch. Sind die Schlachttiere älter als ein Jahr und männlich, wird vom Hammelfleisch gesprochen. Es hat eine feste Konsistenz und einen (für heutige Begriffe vielfach zu) kräftigen Geschmack.

12 Jules Gouffé (Hrsg.):
Die feine Küche. Vollständiges Lehr- und Handbuch der Kochkunst, Küchenbäckerei und Einmachekunst in ihrem ganzen Umfange.
2. Auflage, nach den Lehren der größten Meister der deutschen, französischen und englischen Küche durchaus umgearbeitet und vermehrt.
Hildesheim: Gerstenberg, 2009 (Nachdruck der Ausgabe 1880-1883).
Landesbibliothek Oldenburg: 4-10-0158

Nachdem Jules Gouffé (1807-1840) im väterlichen Betrieb eine Lehre zum Patissier absolviert hatte, eröffnete er im Jahre 1840 in der Rue du Faubourg Saint-Honoré ein eigenes Lokal. In Paris war er als Koch so erfolgreich, dass er nach 15 Jahren seinen Betrieb schließen konnte, um sich völlig der Theorie zu widmen und insgesamt vier Kochbücher zu verfassen. Im bekanntesten Werk, *Le livre de cuisine* (1867), vollzog er erstmals eine Trennung zwischen häuslicher Küche und *haute cuisine*; der hohen Kochkunst widmete er rund zwei Drittel der 900 Seiten. Im Jahre 1872 erschien eine deutsche Bearbeitung des renommierten Kochbuchs, die als typisches Produkt der Gründerzeit den häuslichen Charakter wieder stärker in den Vordergrund stellte. Es folgte eine Zweitausgabe (1880-1883), die seit 2009 auch als Nachdruck vorliegt.
Ebenso wie bei Loofft (vgl. Nr. 11) sind die Hammelfleischrezepte (147 Stück) den Lammfleischrezepten (67) gegenüber noch deutlich in der Mehrzahl. Aufgeschlagen ist ein Farbbild mit Hammelkoteletten und Hammelnieren am Spieß (S. 216-217).

13 [Bernhardine Westing:]
Die Wangeroger Küche.
Oldenburg: Schulzesche Buchhandlung, 1849.
Landesbibliothek Oldenburg: GE IX A 417

Im 18. Jahrhundert vollzieht sich bei den bürgerlichen Eliten in Europa eine Wende zu einer neuen Badekultur, die von Wasserkuren, Küstentourismus

und Seebädern geprägt ist. In diesem Zuge entwickeln sich auch die niederländischen und deutschen Watteninseln zu beliebten Reisezielen. Ab dem Jahre 1804, als Wangerooge zum Seebad wurde, bildeten Tourismus und Kurbetrieb für die Insulaner eine wichtige Einnahmequelle. Im Jahre 1849 erschein bei der Schulzeschen Buchhandlung in Oldenburg ein Kochbuch, in dem „vorzugsweise und zweckgemäß die Speisen und die Getränke darin aufgeführt sind, welche man während der Saison im Nordsee-Bade auf Wangeroge zu bereiten pflegt." Es vermittelt einen guten Eindruck vom Essen, das den Inselgästen serviert wurde. Autorin war, wie aus der Titelseite der zweiten, vermehrten Ausgabe des Jahres 1857 hervorgeht, Bernhardine Westing (geb. 1774), Ehegattin des Oldenburger Oberappellationsrates Anton Gerhard Westing, der 1829 vom Großherzog Paul Fredrich August zum Badekommissar der Insel Wangerooge ernannt worden war. Sie kümmerte sich als „Frau Geheime Hofrätin" intensiv um die gärtnerische Gestaltung der Badeanstalt, das Angebot von Kultur und Unterhaltung sowie um die Bewirtung der Gäste.
„Große Stücke Fleisch, gekocht, gebraten und geschmort, welche hauptsächlich gleich nach der Suppe gegeben werden" (S. 62) standen auf dem Speiseplan der Inseltouristen. Aufgeschlagen sind vier Rezepte für Hammel- und Lammfleisch: Gefüllte Lammsbrust für 16 bis 24 Personen; Gedämpfte Hammel- oder Lammskeule für 16 bis 24 Personen; Gedämpftes Hammel- oder Lammfleisch mit Reis für 16 bis 24 Personen; Marinierte Hammelkeule für 16 bis 24 Personen. Aus den Mengenangaben geht hervor, dass die Insulaner große Gesellschaften zu bewirten hatten.
Schafe gab (und gibt) es an der Nordseeküste reichlich. Hier leisten sie von alters her einen wichtigen Beitrag zum Küstenschutz. Die Salzwiesen und Deiche werden mit Schafen beweidet, die das Gras kurz abgrasen, ohne es abzunagen und durch ihr Körpergewicht mit ihren Klauen ('goldenen Hufen') den Boden verfestigen, so dass Nagetiere keinen Eintritt in das Erdreich erhalten.

3. Lamm Gottes

Das metaphorische Potenzial von Schafen und Schafzucht wird in der Bibel geradezu ausgeschöpft: überall ist die Rede von Schafen, Lämmern, Herden, die Führung brauchen, von Hirten und nahrhaften Weiden. Im Alten Testament wird das Volk Gottes als eine vom Herrn geleitete Herde dargestellt. Wann immer sich Oberhäupter als korrupt erweisen, werden sie von den Propheten als unwürdige und diebische Hirten angeklagt. Der Herr verspricht, den Menschen einen einzigen Hirten zu erwecken, der sie weiden soll. Im Neuen Testament wird dieses Versprechen erfüllt, indem Jesus seine messianische Absicht erklärt, die Herde der Menschenkinder zu führen und zu schützen, verirrte Schafe einzusammeln, hilflose Lämmer zu tragen, und sogar sein Leben für die Schafe zu lassen, um ihnen das Leben zu geben. Als Oberhirte setzt Jesus Hirten (*pastores*) unter sich ein, die räuberische falsche Lehrer abwehren und die Schafe füttern, indem sie für ihr geistliches Wohl sorgen. Für solch geistige Würdenträger wurde der Hirtenstab zum verbreiteten Amtszeichen.

14 Das schöne Stundenbuch des Herzogs von Berry.
München/Zürich: Droemer/Knaur, 1960 (Faksimile-Ausgabe).
Landesbibliothek Oldenburg: CIM III 30

Das Stundenbuch des Herzogs Jean de Berry (1340-1416), auch bekannt als *Les Très Riches heures du Duc de Berry*, ist das berühmteste illustrierte Manuskript des 15. Jahrhunderts. Es enthält 208 (aus Schafhäuten hergestellte) Pergamentblätter mit 21,5 cm Breite und 30 cm Höhe, von denen etwa die Hälfte ganzseitig bebildert ist.
Die aufgeschlagene Bildtafel (2 und 3) zeigt die Geburt Christi und die Verkündigung durch den Engel Gabriel an die Hirten. Sie waren die ersten Sterblichen, die von der Geburt Christi erfuhren: „Vnd es waren Hirten in der selbigen gegend auff dem felde / bey den Hürten / die hüteten des nachts jrer Herde. Vnd sihe / des HERRN Engel trat zu jnen / vnd die Klarheit des HERRN leuchtet vmb sie /Vnd sie furchten sich seer. Vnd der Engel sprach zu jnen. Fürchtet euch nicht / Sihe / Jch verkündige euch grosse Freude / die allem Volck widerfaren wird / Denn Euch ist heute der Heiland geborn / welcher ist Christus der Herr / in der stad Dauid.“ (Lutherbibel 1545, Lukas 2,8-10).

Schafhirten wurden als einfache Menschen betrachtet; gerade diese Obskurität und Bescheidenheit bildeten die Grundlage für menschliche Größe. Der Underdog-Status wird deutlich am Beispiel von David, der den schwerbewaffneten Goliat mit einer Schlinge aus Schafwolle und einem Stein aus seiner Hirtentasche besiegt: „Vnd Dauid thet seine hand in die Tasschen / vnd nam einen Stein daraus / vnd schleudert / vnd traff den Philister an seine stirn / das der Stein in seine stirn fuhr / vnd er zur erden fiel auff sein angesicht.“ (1 Samuel 17,49).

15 Jan Luyken:
De schriftuurlyke Geschiedenissen en gelykenissen van het Oude en Nieuwe Verbond, vertoonende drie honderd zeven en dertig Konstige Figuuren verrykt met Bybelse Verklaaringen en Stichtelyke Verzen.
Amsterdam: Wed. Pieter Arentz, Kornelis vander Sys, 1712.
Landesbibliothek Oldenburg: THEOL II A n 13: 1-2

Der Amsterdamer Dichter und Graphiker Jan Luyken (1649-1712) ist für seine plastischen Darstellungen bekannt. Die aufgeschlagenen Stiche (S. 16-17 und 18-19) aus dem Alten Testament zeigen die Geschichte von Kain und Abel, den beiden Söhnen von Adam und Eva. Abel wird von seinem älteren Bruder aus Neid und Eifersucht erschlagen, weil der Herr das Lammopfer des Hirten den Feldfrüchten Kains vorzieht (Genesis 4).
In vielen Kulturen und Religionen der Welt waren und sind Schafopfer weitverbreitet. Als Sündenopfer soll das gewählte Tier makellos und ein Symbol von Reinheit und Unschuld sein. Die Priester, die für die Wahl zuständig sind, sollten ebenfalls vorbildlich in Charakter und Lebenswandel sein.

16 Thesaurus sacrarum historiarum veteris testamenti, elegantissimis imaginibus expressus excellentissimorum in hac arte virorum opera nunc primum in lucem editus.
[Antwerpen:] Gerardus de Jode, 1585.
Landesbibliothek Oldenburg: THEOL II A n 1

Die vom Kupferstecher, Kartographen und Verleger Gerard de Jode (1509/1517-1591) im Jahre 1585 herausgegebene Kupferstichserie enthält mehr als 600 großformatige Szenen aus dem Alten und dem Neuen Testament, die von verschiedenen niederländischen Meistern gestochen und mit Bildunter-

schriften in lateinischer Sprache erläutert werden. Der aufgeschlagene Stich zeigt Jesus als guten Schafhüter, mit einem Lamm auf den Schultern.
Das Bild des guten Hirten ist älter. Lange vor der Geburt Christi nannte König Hammurabi von Babylonien (1795-1750 v. Chr.) sich 'den Hirten, der Frieden bringt'. Im islamischen, jüdischen und christlichen Glauben wird Gott als 'guter Hirte' beschrieben, der seine Schafe in Sicherheit führt und sie vor Gefahren schützt. Diese Weltreligionen sind entstanden in einer Zeit, als die Domestizierung des Schafes vorangetrieben wurde; in jenen alten Kulturen hatten solche pastoralen Metaphern noch einen festen Platz im Alltagsleben der Gläubigen.

'Ich bin der gute Hirt' (Johannes 10:14).

17 Samuel Chappuzeau:
Icones Historicae Veteris Et Novi Testamenti, Carminibus Latinis & Gallicis illustrata, in quibus exponitur Historia in singulis exhibita Figuris, Acompagnées de Quadrains en Latin & en Francois, qui

exposent l'Histoire representée en chaque Figure, Figvres Historiqves
Dv Vievx et Dv Novveav Testament.
Genevae: apud Samuelem der Tours, 1680.
Landesbibliothek Oldenburg: THEOL II A n 7

Samuel Charles Chappuzeau (1625-1701) war wie viele andere Hugenotten zeit seines Lebens viel unterwegs. Als die Ehemänner seiner Schwestern ihn um das elterliche Erbe betrogen hatten, zog der reformierte Franzose als Wirtschaftsflüchtling in die Niederlande. Nachdem er sich als Hofprediger in Hessen und als Hauslehrer des Statthalters Wilhelm III. von Oranien versucht hatte, lebte er in Genf, von wo aus er ausgedehnte Reisen unternahm und Materialien für seine Bücher sammelte. Die letzten 20 Jahre seines Lebens verbrachte er als Hofpagenmeister im Fürstentum Lüneburg.

Verkündigung der Geburt Christi an die Hirten.

Die gezeigte bebilderte Bibelausgabe, deren lateinische und französische Vierzeiler von Chappuzeau verfasst wurden, stammt aus der Zeit 1679-1682, als der Autor sich erneut in Genf aufhalten durfte, nachdem er 1671 seine dortigen Bürgerrechte verloren hatte und acht Jahre lang im Exil u.a. in Lyon und Basel verbracht hatte. Aufgeschlagen sind zwei Szenen aus dem Neuen Testament (S. 10-11), die mit Holzschnitten illustriert werden: *Christ nait en Bethleem; La naissance de Iesus Christ est annoncée aux Bergers.*
Die Verkündigung an die Hirten ist in der christlichen Kunst ein beliebtes Motiv. Dargestellt wird in der Regel eine mehr oder weniger große Gruppe von einfach gekleideten und meist unrasierten oder bärtigen Männern mit Attributen wie Hirtenstab, Hirtentasche, Sackpfeife, Flöte inmitten einiger Schafe, Ziegen und Hunde. In Wirklichkeit war das Hüten der Schafe eine Aufgabe, die in vielen Fällen Jungen, Mädchen und Frauen überlassen wurde.

Der Herr zieht das Lammopfer des Hirten Abel den Feldfrüchten dessen Bruders Kain vor (Nr. 15).

4. Sinnreiches Symbol

Nicht nur in der Bibel, sondern auch in Tierepen und Tierfabeln ist das Schaf äußerst präsent. Die ihm zugeschriebenen symbolischen Bedeutungen schwanken zwischen positiv und negativ, leiten sich aber immer von seiner Rolle als Nutztier oder von der Schafhaltung ab. In den im 16. und 17. Jahrhundert beliebten Emblemata, die Bild und Text auf spielerische Art und Weise miteinander kombinieren, erfährt die Symbolik des Schafes eine kunstvolle und vielfältige Auswirkung.

18 Het Thresoor oft schat van alle de specien, figuren en sorten van Gouden ende Silveren munten, allen Muntmeesters, Wisselaers, Rentmeesters, Cooplieden, ende alle liefhebbers der Antiquiteyten seer bequaem ende uoordelijck.
Antwerpen: Guillaem van Parijs, 1580.
Landesbibliothek Oldenburg: GE VI A 7 225

Dieses Wechselbuch aus dem 16. Jahrhundert diente in der Handelsmetropole Antwerpen als Anleitung für Kaufleute, Reisende, Geldwechsler und Beamte zum Identifizieren von Münzen aus verschiedenen Regionen und Ländern, zu einer Zeit, als das Geldwesen noch keineswegs vereinheitlicht war. Der Verleger Willem van Parijs besaß im 16. Jahrhundert in den südlichen Niederlanden das Alleinrecht für den Druck von Währungsverordnungen.

Aufgeschlagen (S. 311-312) ist eine Doppelseite mit Abbildungen von Thalern verschiedener deutscher Städte. Der Thaler der Stadt Dortmund links unten trägt ein Bildnis des spanischen Monarchen Karl V. (1500-1558), der als König von Spanien über die Niederlande herrschte und ab 1520 römischer Kaiser war. An einer goldenen Halskette trägt Karl V. ein kleines goldenes Widderfell mit Kopf und Beinen, das durch einen Ring geführt wird. Es ist das Ehrenzeichen des 1430 vom Herzog von Burgund gegründeten Ordens vom Goldenen Vlies. Als Landesherr der Niederlande, und somit Erbe des Herzogtums Burgund, war Karl V. der Souverän dieses exklusiven Ritterordens, der mittlerweile einen spanischen und einen österreichischen Zweig besitzt.

Das Ordenszeichen verweist auf ritterliche Tugenden und bezieht sich auf das Goldene Vlies aus der griechischen Mythologie, das Fell des goldenen

Widders Chrysomeles, der fliegen und sprechen konnte. Nachdem das Wundertier geopfert und sein Fell im heiligen Hain des Gottes Ares aufgehängt wurde, wurde es von den Argonauten unter Führung Jasons und mit Hilfe Medeas geraubt. Hintergrund dieses Mythos ist, dass in der Archaischen Zeit in der goldreichen Kolchis, im Westen des heutigen Georgien, Schaffelle verwendet wurden, um Goldstaub aus den Flüssen zu waschen. Archäologische Ausgrabungen haben dort eine hochentwickelte Kultur mit zahlreichen Zeugnissen der Goldschmiedekunst zu Tage gebracht. Der Höhepunkt dieser Kultur lag im 6.-4. Jahrhundert v. Chr.

Kaiser Karl V. mit dem Ordenszeichen des Goldenen Vlieses.

19 Aesopus:
Æsop's Fables with his life. Newly translated, illustrated with 112 sculptures. To this edition are likewise added, 31 new figures representing his life. By Francis Barlow.
London: H. Hill, 1687.
Landesbibliothek Oldenburg: SPR X 2 33

Etwa aus der gleichen Zeit stammen die Tiergeschichten des legendären griechischen Dichters Äsop. Nachdem die äsopischen Fabeln im Mittelalter eine wichtige Lektüre der Klosterschulen bildeten, erschien nach Erfindung des

Buchdrucks eine Vielzahl von Ausgaben. Im Jahre 1665 veröffentlichte der führende englische Grafiker der zweiten Hälfte des 17. Jahrhunderts, Francis Barlow (um 1626-1704), im Selbstverlag eine von ihm illustrierte Auswahl. Hier konnte er sein Talent als Zeichner von Tieren zur Schau stellen, oder, wie er es im Vorwort formuliert: "my fancy, as consisting so much of Fowl and Beasts, wherein my Friends are pleas'd to count me most Eminent in what I doe." Beim Großen Brand von 1666 wurde Barlows Londoner Atelier mit einem Großteil der Erstausgabe zerstört, aber die Kupferplatten blieben erhalten. Diese wurden im Jahre 1687 für die zweite, um eine Äsop-Biografie erweiterte Ausgabe verwendet.

In den insgesamt 150 Fabeln gibt es mehrere, in denen das Schaf figuriert. Die bekanntesten sind Nr. II: *The Wolf and Lamb*, IX: *The Wolves and Sheep*, XLIII: *The Dog and Sheep* und LIX: *The Shepherd's Boy*. In der aufgeschlagenen Fabel II: *The Wolf and Lamb* (S. 5-6) begegnen sich zufälligerweise ein Schaf und ein Wolf zum Trinken am Fluss Der Wolf wirft dem Schaf vor, dass es das Wasser verschmutze. Das Schaf ist verängstigt, entschuldigt sich und weist höflich darauf hin, dass es dem Wolf das Wasser nicht verunreinige, weil es weiter stromabwärts stehe, und dass das auch gar nicht seine Absicht sei. Der Wolf reagiert aggressiv, bemerkt, dass er sowieso alle Schafe als seine Feinde betrachte, und droht baldige Bestrafung an. Im Begleittext wird die Fabel als Darstellung der weltlichen Machtverhältnisse gedeutet, die bewirken, dass die bösen Stärkeren die unschuldigen Schwächeren unterdrücken. In der heutigen kontroversen Diskussion über den Wolf und die Schafhaltung erhält diese uralte Geschichte neue Aktualität.

20 Joachimus Camerarius:
Symbolorum et emblematum centuriae quator, quarum prima Stirpium, secunda Animalium quadrupedium, tertia Volatilium et Insectium, quarta Aquatilium et Reptilium rariores proprietates historias ac sententias memorabiles (...) exponit. Ultima editio.
Moguntiae: Bourgeat, 1677.
Landesbibliothek Oldenburg: TE III d 12

Das aufgeschlagene Emblem (II, 71) des deutschen Humanisten Joachim Camerarius des Älteren (1500-1574) trägt als Titel *Undique inermis* ('in jeder Hinsicht unbewaffnet') und zeigt ein Schaf, das friedlich auf der Wiese liegt. Im Begleittext wird erläutert, dass das Schaf sehr viel Nutzen bietet und in

Friedliches Schaf bei Camerarius.

keinerlei Hinsicht schädlich ist. Deshalb lebt das Tier dem Menschen vor, dass er nur Gutes tun und seinen Mitmenschen nicht den geringsten Schaden hinzufügen soll.
Das Emblem (II, 72) zeigt einen Wolf, der einem Schaf ins Fell beißt. Das lateinische Motto lautet *Fit suavior* ('Er wird sanfter'). Das Schaf wird hier als das Symbol des bereitwilligen Opfers aufgeführt, das die eigene Tugendhaftigkeit verbessert, indem es zulässt, dass ihm von bösen Tätern Unrecht angetan wird.

21 Nicolaus Reusnerus:
Emblemata, partim ethica, et physica partim vero historica, & hieroglyphica, sed ad virtutis, morumq[ue] doctrinam omnia ingeniose traducta, et in quator libros digesta, cum symbolis & inscriptionibus illustrorum et clarorum virorum.
Francoforti: Feyerabend, 1581.
Signatur: TE III d 47

Ein anderer Emblematist im deutschen Sprachraum war der Jurist Nicolaus Reusner (1545-1602), dessen Sinnbilder erstmals 1567 in Straßburg erschienen. Abgebildet (S. 41) ist ein Schaf, das es duldet, dass ein Vogel ihm Wolle ausreißt. Nach dem anthropozentrischen Motto *Quod vivit, hoc homini; ast homo vivit Deo* ('Was lebt, lebt für den Menschen; aber der Mensch lebt für Gott.') wird das Schaf als dem Menschen untergeordneter Wolllieferant zum Symbol der musterhaften Uneigennützigkeit ausgerufen.

Das Schaf gibt bei Reusner uneigennützig seine Wolle ab.

22 Abraham a Sancta Clara:
Huy! und Pfuy! der Welt. Oder Anfrischung zu allen schönen Tugenden: Pfuy oder Abschreckung von allen schändlichen Lastern. Durch underschiedliche sittliche Concept, Historien, und Fabeln vorgestellt. Worinnen der Poet, Prediger, und waserley Standes-Personen für ihren Kram etwas finden können.
Nürnberg: Weigel; Würtzburg: Hertz, 1707.
Landesbibliothek Oldenburg: THEOL V D 57

Der sprachgewaltige Augustinermönch Abraham a Sancta Clara (1644-1709) war in der zweiten Hälfte des 17. Jahrhunderts bekannt für seine deftigen Kanzelreden. Mit Schriften wie *Etwas für alle* (1699), *Heilsames Gemisch-Gemasch* (1704), *Neueröffnete Welt-Galleria* (1703) oder *Ein Karrn voller Narrn* (1707) hielt der Barockdichter der Gesellschaft ebenso erbauende wie amüsante Narrenspiegel vor. Auch *Huy! und Pfuy! der Welt* (1707) gehört zu der frühneuzeitlichen Gattung der Ständeliteratur, die als Nachschlagewerke für diverse gesellschaftliche Gruppen ein buntes enzyklopädisches Wissen zusammenträgt, in der Regel mit Holzschnitten oder Kupferstichen veranschaulicht.

Auf dem Kupferstich des Grafikers und Verlegers Christoph Weigel (1654-1725) ist im Vordergrund ein wohlernährtes Schaf mit dickem Wollkleid sichtbar. Nach dem Motto „Aus des Wollen-Thiers Genüß wächst des Reichtums güldnes Vlüß" wird das Schaf ebenso wie bei Reusner (Nr. 21) als sanftmütiges und unschuldiges Wesen dargestellt, das für den Menschen eine überaus nützliche Quelle des Reichtums sei. Daraus solle der Mensch aber selbst lernen, auf der Hut zu sein, wenn er tugendhaft oder vermögend sei, „Daß nicht ein Geitzhals komm' und dich gewaltig scheer."

23a Julius Wilhelm Zinckgref:
Emblematum ethico-politicorum centuria.
[Frankfurt am Main]: Theodor de Bry, 1619.
Landesbibliothek Oldenburg: TE III d 70

23b Anne Duden:
Das Judasschaf.
Berlin: Rotbuch-Verlag, 1985.
Landesbibliothek Oldenburg: 87-0007

Der Literat Julius Wilhelm Zincgreff (1591-1635), bekannt als Herausgeber von Martin Opitz' *Teutsche Poemata* (1624) und als Autor der geistreichen *Apophtegmata* (1626-1631), hat mehrere Emblemata-Sammlungen herausgebracht. Der Titel des Emblems Nr. LV: *Mens omnibus una sequendi* ('gleich eifrig sind alle zu folgen') wurde der *Aeneis* des Dichters Vergil (Nr. 26a) entnommen. Gezeigt wird eine Herde, die von einem Hammel geführt wird. Er trägt eine Glocke am Hals, damit er von allen Schafen gehört wird. Solche Leithammel, die mit Fütterung so trainiert wurden, dass alle Schafe dem vertrauten Leittier überallhin folgten, waren bereits im alten Ägypten im Einsatz. In Niedersachsen pflegte der Heideschäfer den Leithammel „Harm" zu rufen oder „Hans". Das Tier hörte auf diesen Namen und lief sofort zum Schäfer.

Zincgreff bezieht das Bild der dem Leithammel folgenden Schafen auf treue Untertanen, die immer dem König gehorsam sein sollen. Im französischen Begleitgedicht fügt er politisierend hinzu: "Mais aussi, le Roy doibt estre

Die Herde folgt dem Leithammel.

bon commandeur." Aus gutem Grund, denn Leithammel wurden auch beim Schlachten eingesetzt und deswegen als 'Judasschaf' bezeichnet. In ihrem Roman *Das Judasschaf* thematisiert Anne Duden (geb. 1942 in Oldenburg, wo sie ab 1953 nach der Flucht aus der DDR ihre Schulzeit bis zum Abitur verbrachte) die maschinelle Tötung der Juden während des Nationalsozialismus. Traumsequenzen und Erinnerungen der Protagonistin werden verbunden mit Musik, Literatur, historischen Dokumenten und Gemälden aus der Spätrenaissance und dem Manierismus. Aufgeschlagen (S. 49) ist ein Passus, der den Buchtitel erläutert.

24 Jacob Cats:
Proteus ofte Minne-Beelden verandert in Sinne-Beelden.
's-Graven-Hage: Venne/Ockerß, 1629.
Landesbibliothek Oldenburg: SPR XVIII a 25

Der Stich mit dem Motto *Facit occasio furem* ('Gelegenheit macht Diebe', S. 387) zeigt ein Schaf, dem ein Dornenstrauch im Vorbeigehen Wolle aus dem Vlies gezogen hat. In den mehrsprachigen Begleitgedichten des niederländischen Dichters Jacob Cats (1577-1660) werden auf verspielte Art und Weise unterschiedliche Deutungsmöglichkeiten angereicht. Erstens, dass ein Schaf, das leichtsinnigerweise den Stall verlässt oder der Herde entläuft, es nur sich selbst vorzuwerfen hat, wenn ihm Unangenehmes passiert. Zweitens, dass es für einen Dornenstrauch ebenso schwierig ist, unbehelligt zu bleiben, wenn ein wolllüstiges Schaf sich daran reibt, wie für einen Menschen, nicht zu sündigen, wenn Getränke oder andere materielle Versuchungen zum Greifen nah sind. Den beiden Moralisierungen ist gemein, dass das Schaf negativ dargestellt wird, sei es als unbesonnen-leichtsinniges Individuum, das die Ordnung des Kollektivs verlässt, sei es als Verkörperung der weltlichen Verlockungen, die uns Armesünder vom dornigen Pfad der Tugend ablenken.

Das Schaf wird bei Jacob Cats zum 'Sündenbock'.

25 William J. Lederer:
Eine Nation von Schafen.
Hamburg: Nannen, 1962.
Landesbibliothek Oldenburg: 63-0686

"A nation of sheep will beget a government of wolves." ('Eine Nation von Schafen wird eine Regierung von Wölfen zeugen.'). In Anspielung auf die Aussprache des US-amerikanischen Journalist Edward R. Murrow (1908-1965) kritisierte William J. Lederer (1912-2009) im Jahre 1961 in *A Nation of Sheep* die Apathie der amerikanischen Wähler, wenn es um Fragen der Au-

ßenpolitik geht. Der Donald Trump-Anhänger Andrew P. Napolitano publizierte im Jahre 2007 ein Werk unter dem gleichen Titel. Bei allen politischen Differenzen ist den Autoren gemein, dass sie das Schaf als Verkörperung negativer Eigenschaften betrachten.
Das populäre Bild vom Schaf als gedankenloses und folgsames Wesen findet sich seit dem 19. Jahrhundert in populären zoologischen Abhandlungen wie *Brehms Tierleben*: „das Schaf wird im Dienste der Menschen ein willenloser Knecht. (...) Charakterlosigkeit ohnegleichen spricht sich in ihrem Wesen und Gebaren aus (...); in der Dummheit begründet sich ihr geistiges Wesen." Ebenso wie bei den Emblemata der Frühen Neuzeit handelt es sich nicht um eine objektive biologische Beschreibung eines Tieres, sondern um eine Projektion menschlicher Eigenschaften.

Ländliche Idylle des 18. Jahrhunderts: ein galantes Pärchen melkt ein Schaf (Nr. 36).

5. *'Et ego in Arcadia'*

26 Θεόκριτος/Theocritus
Τα ευρισκομενα/Quae extant.
Cum Graecis scholiis indicibus, et Scaligeri,
Casauroni, & Heinsii annotationibus.
Oxoniae: Theatrum Sheldonianum, impensis Sam. Smith, & Benj. Walford, 1699.

„Willst du, bei den Nymphen, willst du, Ziegenhirt, dich hier niederlassen, wo dieser abfallende Berghang ist und das Tamariskengebüsch, und auf deiner Flöte spielen? Ich werde währenddessen deine Ziegen hüten.“ So lautet in deutscher Übersetzung das Zitat aus der ersten Idylle des Theokrit (um 300 – um 260 v. Chr.), das unter dem aufgeschlagenen Frontispiz mit Hirten, Schafen, Ziegen, Rindern und Hund abgedruckt ist. Dieses Motto ist eine Einladung an die Leserinnen und Leser, das Buch in die Hand zu nehmen, in dem der griechische Dichter eine fiktionale Hirtenwelt schuf, deren Protagonisten vor dem Hintergrund einer idealisierten Natur miteinander im Gesang konkurrieren und der Liebe und Muße nachgehen. Die etwa 30 unter seinem Namen überlieferten Gedichte, von Theokrit selbst als Idyllen bezeichnet, haben meist eine dramatische Form und sind teils künstlerische Nachahmungen des Wechselgesangs der Hirten seiner Heimatinsel Sizilien.

Idyllische Szene mit Hirten, Vieh und Hund.

Als die Schafe um 7000 v. Chr. nach Griechenland und später nach Rom gelangten, waren sie schon domestiziert, aber noch nicht fertig gezüchtet. Die vorantike Bedeutung der Schafhaltung lässt sich dem Tontafelarchiv in Knossos entnehmen, wo sich etwa 800 Texte befinden, die die Existenz von 80.000 bis 100.000 Schafen belegen. Man hat ausgerechnet, dass der mykenische Palast in Knossos im 2. Jahrtausend v. Chr. 70.000 Kilo Wolle im Jahr produzierte.
Aus den Angaben der antiken Schriftsteller lässt sich kaum etwas über spezielle Rassenmerkmale in Erfahrung bringen. Aus diesem Grund hat der englische Forscher Michael Ryder (1927-2015) eine Erkennungsmethode entwickelt, die in der Untersuchung der Faserstruktur von alten Buchrollen, Pergamenten aus Schafhäuten und Resten von Häuten und Kleidungsstücken aus Wolle besteht. Diese Artefakte, die in Höhlen am Toten Meer gut konserviert aufgefunden wurden, wurden mit mittelalterlichem Pergament und modernen Wollfasern verglichen; die auf diese Art und Weise von Ryder ermittelten antiken Rassen waren im Vergleich zum spanischen Merinoschaf und modernen Wollschafrassen von mittlerer Qualität.

27a Publius Vergilius Maro:
Bucolica – Georgica – Aeneis. Faksimile des Vergilcodex Ms. 837 der Universitätsbibliothek Valencia.
Valencia: Vicent Garcia Editores S.A., 2001.
Landesbibliothek Oldenburg: CIM III 540

27b Christoph Weigel:
Abbildung der gemein-nützlichen Hauptstände von denen Regenten und ihren so in Friedens- als Kriegs-Zeiten zugeordneten Bedienten an, biß auf alle Künstler und Handwercker.
Nördlingen: Uhl, 1987. (Faksimile-Neudruck der Ausgabe Regensburg 1698.)
Landesbibliothek Oldenburg: 88-0424

Zu Beginn der 6. Ekloge lässt der römische Dichter Vergil (70-19 v. Chr.) den Hirten Tityros bemerken, dass seine Muse sich zuerst entschlossen habe, „in syrakusanischem Vers zu spielen“. Damit verweist er in der Mitte seiner zwischen 42 und 38 v. Chr. entstandenen *Bucolica* oder *Eclogae* auf den Dichter Theokrit als Begründer des pastoralen Genres. Vergil ließ sich 300 Jahre später von diesem sizilianischen Vorgänger inspirieren, verlegte aber die pastorale Szenerie in die griechische Landschaft Arkadien.

Aus der zweiten Hälfte des 15. Jahrhunderts stammt eine aufwendig illuminierte Vergil-Handschrift, die dessen drei großen Werke, die *Bucolica* (Hirtengedichte), das Lehrgedicht über Landbau und Viehzucht *Georgica* sowie die *Aeneis*, das Epos über den Gründer des Römischen Reiches, in eine luxuriöse Werkausgabe zusammenbringt. Die Handschrift gehörte zur humanistischen Bibliothek des aragonesischen Königshofes in Neapel und gelangte nach der Eroberung Neapels durch Karl VIII. von Frankreich (1495) in das spanische Kloster San Miguel de los Reyes bei Valencia, dessen Buchbestände seit 1836 in der Universitätsbibliothek Valencia verwahrt werden.

Dieser Vergil-Codex besteht aus 274 Pergamentblättern. Der Beschreibstoff Pergament wurde aus Tierhaut hergestellt. Die feinste Qualität wurde aus Häuten neugeborener oder ungeborener Ziegen und Lämmer gewonnen (Anders als bei Ziegen sind bei Lämmern die Adern so fein und liegen so nahe an der Oberfläche, dass sie bei der Pergamentherstellung weitgehend entfernt werden konnten.). Die abgezogenen Häute wurden in eine Lösung aus Wasser und gelöschtem Kalk gelegt, so dass sich Fleischreste lösten. Wie die Abbildung 'Der Pergamenter' in der Darstellung verschiedener Handwerke von Christoph Weigel zeigt, wird die so behandelte Tierhaut in einen Rahmen gespannt und getrocknet, damit sie haltbar wird. Sie wird mit einem sichelförmigen Messer abgeschabt und vor dem Beschreiben zurechtgeschnitten. Wenn die aufgespannte Haut geölt wird, wird sie lichtdurchlässig und ist somit als Fensterscheibe oder für Laternen geeignet.

Auf der ersten Seite der Vergil-Handschrift, als Werkfrontispiz der *Eklogen* und zugleich als Gesamtfrontispiz, finden sich drei szenische Darstellungen des Hirtenlebens, die den idyllischen Charakter der pastoralen Gedichte hervorheben.

Zur beiden Seiten der T-Initiale der ersten Ekloge, in der es um konträre Hirtenschicksale geht, sieht man vor dem Hintergrund einer grünen Hügel- und Baumlandschaft die beiden Gesprächspartner, Tityrus und Meliboeus. Meliboeus, der Heimatlose, steht zur Linken auf seinen Stock gestützt, mit traurigem Gesicht; er ist barfuß, trägt einen zerlumpten, kurzen braunen Kittel und eine rote Mütze; weiter unten sind zwei Tierchen seiner Herde präsent. Ihm gegenüber sitzt barhäuptig, in einem langen violetten Mantel gehüllt und mit Schuhen und Strümpfen bekleidet, Hirtentasche und Messer am Gürtel, Tityrus und spielt vergnügt auf einer Flöte. Sein Gesichtsausdruck wirkt fast verzückt; seine vielen Schafe laben sich auf der Weide am frischen Wasser.

In der Mitte der rechten Randleiste zeigt ein Medaillon drei Hirten, einen älteren und zwei jüngere in einer lauschigen Landschaft. Links ist der ältere stehend dargestellt, mit übereinandergelegten Händen auf seinem Stock gelehnt, die beiden anderen sitzend mit Flöte, der rechte spielt gerade, der mittlere blickt zu ihm hin; offenbar findet ein musischer Wettkampf mit Schiedsrichter statt, wie ihn die siebte Ekloge vorstellt.

Im unteren Teil der Randleiste sind die Farben stark lädiert, so dass die Darstellungen zum Teil unkenntlich geworden sind. Ganz rechts erkennt man vor Felsenhintergrund und Bäumen eine Zweiergruppe: vor einer jugendlichen blondhaarigen Frauengestalt in blauem, spitz ausgeschnittenem Gewand, die auf einen Apfel in ihrer rechten Hand blickt, steht barhäuptig ein Hirte, der anscheinend dem Mädchen den Apfel als werbende Liebesgabe überreicht hat. In der Bildmitte befindet sich vor einer Baumgruppe ein viereckiger Brunnen, aus dem Schafe trinken. Vorn links steht ein dunkel gekleideter Hirte, vor ihm liegen gemächlich kauende Rinder. Im Hintergrund ist ein stallartiges Gebäude mit einer Reihe dicht nebeneinander stehender Rinder erkennbar.

28 Battista Guarini:
Il Pastor Fido. Tragicomedia Pastorale.
Amsterdam: Pieter Mortier, [ca. 1696].
Landesbibliothek Oldenburg: SPR XVI 6 166

Mit *Il pastor fido* ('der treue Hirte') legte der italienische Dichter Giovanni Battista Guarini (1538-1612) im Jahre 1585 ein Hirtenspiel vor, das durch zahlreiche Übersetzungen und Bearbeitungen in ganz Europa bekannt wurde. In den Niederlanden erfolgte die erste Bearbeitung im Jahre 1601 durch Theodore Rodenburg (1574-1644), die die Handlung von Arkadien in den Haagener Stadtwald verlegte, seit 1576 ein geschütztes Naturbiotop. Das pastorale Drama entwickelte sich im Laufe der Zeit zu einer facettenreichen literarischen Schaubühne für Sentimentalität und Naturverklärung.

Das aufgeschlagene Frontispiz der Taschenbuchausgabe aus dem Besitz von Georg Friedrich Brandes (1719-1791) zeigt den Hirten Mirtillo, dessen Heirat mit Amarilli das Happy End des Theaterstückes bildet.

Das Hirtendasein als Idylle: Il pastor fido.

29 Die glückliche Eifersucht. Ein Schäferspiel von fünf Aufzügen.
Jena: Johann Henrich Schultze, 1747.
Landesbibliothek Oldenburg: SPR XII 4 c 1575,7

Dutzende von Schäferspielen belegen im 17. und 18. Jahrhundert die Popularität der von Guarini geschaffenen Gattung. Niemand geringeres als Johann Wolfgang Goethe (1749-1832) spielte am 20. Mai 1779 vor der Weimarer Hofgesellschaft im von ihm verfassten Schäferspiel *Die Laune des Verliebten* die Hauptrolle des eifersüchtigen Hirten Eridon, der durch einen Kuss seiner geliebten Amine überredet wird, sie zum Tanzfest zu begleiten. Noch im Jahre 1806, als die literarische Mode schon abgeflaut war, brachte der Autor eine gedruckte Fassung heraus.
Auch in *Die glückliche Eifersucht* (1747) geht es um Eifersüchteleien. Dass sich das Schäferspiel in einem Spannungsfeld zwischen urwüchsiger Bauernkomödie und galant-urbanem Sittenspiel bewegte, geht aus dem Vorwort

hervor: „Man glaubte, ein solches Stück wäre leichter als ein erhabenes Trauerspiel zu verfertigen; und auf einmal wollte man auch ein Schäfer werden. Man überredete sich: wenn man nur fleißig die Nachtigall schlagen liese, an einem Bache gähnen oder gar schnarchen könnte, die Heerde zählte und unaufhörlich blöcken liesse, Stäbe schnitzen, Schäferhüte machen, mit Bändern behängen und ein gut Stück Brot aus der Hirtentasche nehmen könnte; so wäre es schon genug. Aber eine tugendhafte Liebe, ein zärtliches Herz, eine lose und muntre Schalkhaftigkeit, einen angenehmen Scherz, die Unschuld und die Natur, zeigte man uns selten, oder sehr unvollkommen. Andere beschreiben Arcadien so, daß man fast glauben sollte, sie hätten eine Gesellschaft ungezogener Bauern und niederträchtiger Landmenschen zum Muster gehabt. Konnten wohl solche Stücke gefallen? Ich glaube, ein gutes Schäferspiel zu machen, erfordere schon vieles."

30 Christoph Dietrich von Böhlau:
Poetische Jugend-Früchte. Bey Verschiedene Gelegenheiten gesammlet.
Coburg und Leipzig: M. Hagens sel. Wittwe und Georg Otto, [1740?].
Landesbibliothek Oldenburg: SPR XIII 4 c 148

Für den Juristen Christoph Dietrich von Böhlau (1707-1750) war die Schriftstellerei neben seinen amtlichen Tätigkeiten als Hofrat im Herzogtum Sachsen-Coburg-Saalfeld eher ein geselliger Zeitvertreib im Kreise der Jenaer Literaturgesellschaft. Bei diesen gebildeten Bürgern fand das literarische Versteckspiel im Schäfergewand Anklang. Im von Freunden gesammelten Jugendwerk Böhlaus ist ein amüsantes Schäferlied abgedruckt, das ihm eine nicht namentlich genannte Dame zugeschickt hat, samt der vom Schriftsteller verfassten kongenialen Antwort (S. 168-172).

Wilde Tiere und Haustiere im mittelniederländischen Druck der Enzyklopädie des Bartholomeus Anglicus, 1485 (Nr. 1, Signatur: CIM I 70).

'Schaafe verschiedener Art' in Bertuchs Bilderbuch für Kinder, 1795 (Nr. 6, Signatur: SPR VIII 363: 2).

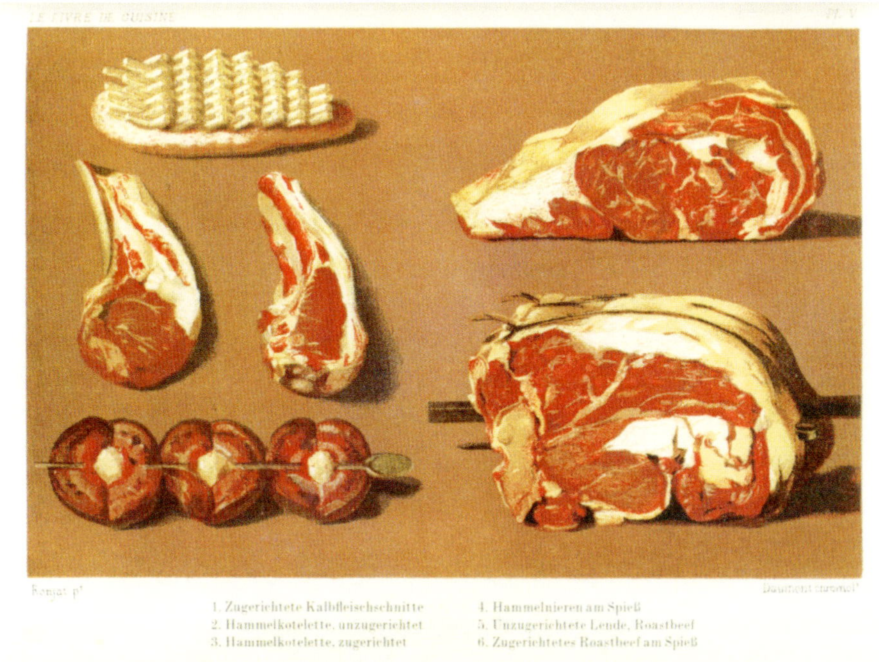

Hammel: im 19. Jahrhundert gerne gegessen (Nr. 12, Signatur: 4-10-0158).

Schafe zertrampeln das Feld, Ziege und Rinder fressen das Gewächs, während der Hirte mit seinem Hund besorgt zuschaut (Nr. 44, Signatur: CIM III 352).

Prägende Pflanze einer von Schafen gepflegten Kulturlandschaft: die Besenheide (Nr. 37, Signatur: NW II 7 e 180).

6. Hartes Hirtenleben

31 Johann Amos Comenius:
Orbis Sensualium Pictus. Hoc est: Omnium fundamentalium in mundo rerum & in vita actionum, Pictura & Nomenclatura:
Die sichtbare Welt (...) Das ist: Aller vornehmsten Welt-Dinge und Lebens-Verrichtungen Vorbildung und Benamung.
Editio trilinguis auctior et emendatior; cum Titulorum juxta atque Vocabularum Indice trilingui.
Riga: Jan Georg Wilken, 1682.
Landesbibliothek Oldenburg: SPR VIII 82

Der *Orbis sensualium pictus* ('Die sichtbare Welt') des moravischen Humanisten Johann Amos Comenius (1592-1670), entstanden während dessen Aufenthalts in Amsterdam, erschien zuerst 1658 in Nürnberg. Das Bildwörterbuch mit 150 detaillierten Holzschnitten diente als Hilfsmittel zum Erlernen der lateinischen Sprache; es wurde in viele Sprachen übersetzt und in Hunderten von Auflagen nachgedruckt.
Aufgeschlagen ist das Bild *Pecuária. Die Viehzucht* mit mehrsprachiger Erläuterung der Rinder-, Schaf- und Schweinehaltung. Zu der Schafzucht lautet der deutsche Begleittext (wobei die Ziffern auf die Abbildung verweisen):

Darstellung der Viehzucht im Bildwörterbuch Comenius'.

„Der Schäfer (5) weidet die Heerde (6) versehen mit der Sackpfeiffe (7) und Hirtentasche (8), wie auch mit dem Hirtenstab (9), bey sich habend den Rüder (Schafhund) (10), welcher bewaffnet ist wieder die Wölfe mit dem stachlichten Halsband (11). (…) Den Schafen wird abgeschoren die Wolle (19) aus welcher gemacht werden allerley Kleider."
Mit der Pfeife wurden die Hunde angewiesen, die Herde zusammenzuhalten. Bereits in der Eisenzeit wurden solche Pfeifen aus Schafknochen hergestellt. Auch der schottische Dudelsack hatte ursprünglich eine ähnliche Funktion. In seiner Tasche führte der Hirte Proviant mit, häufig auch Strickzeug, sowie ein Messer für kleine Holzschnitzarbeiten zwischendurch. Mit dem Hirtenstab, am Ende mit einem Haken versehen, konnte er die Tiere einfangen. Am Stab befand sich häufig eine kleine geschmiedete Schaufel, mit der der Schäfer etwas Erde hochnahm um sie treffsicher auf ein verirrtes Schaf zu werfen, damit es zur Herde zurückkehrt. Außerdem diente der Stab zum Anlehnen, damit die Herde im Stehen im Auge behalten und nachgezählt werden konnte.

32 Leopold Joseph Fitzinger:
Der Hund und seine Racen. Naturgeschichte des zahmen Hundes,
seiner Formen, Racen und Kreuzungen.
Tübingen: Laupp, 1876.
Landesbibliothek Oldenburg: TE VIII 4 57

Der österreichische Zoologe Leopold Franz Joseph Fitzinger (1802-1884) war der Ansicht, dass die Vielfalt der Lebewesen einer vorgegebenen, unveränderlichen Ordnung entsprach, und lehnte die Evolutionstheorie Darwins ab. Aus dieser Überzeugung heraus erarbeitete er systematische Beschreibungen des Tierreiches, mit einem Schwerpunkt auf Amphibien und Reptilien, mit denen er als Leiter der Reptilien- und Säugetiersammlungen des Wiener Naturhistorischen Museums gut vertraut war. Viele der von Fitzinger vorgenommenen Klassifikationen und Zuordnungen werden bis heute anerkannt.
Aus der Monografie *Der Hund und seine Racen* (1876) ist Tafel 5 (zwischen S. 110-111) aufgeschlagen. Gezeigt werden diverse Hunderassen: „Irländischer Wolfshund. Schafhund. Spitz. Eskimo-Hund. Hebriden-Hund." Der abgebildete große und muskulöse Schafhund war gut geeignet, die Herde gegen Wölfe und Bären zu verteidigen, so wie das im frühen 19. Jahrhundert mancherorts noch erforderlich war: „In früher Zeit war diese Race in einem

großen Theile von Deutschland fast in jedem Dorfe anzutreffen, während sie heut zu Tage daselbst nur selten mehr in reine[m] Zustande vorkommt. Sie wurde – wie schon aus ihrer Benennung hervorgeht, – hauptsächlich als Wächter der Schafheerden benützt, zugleich aber auch in manchen Gegenden zum Aufsuchen der Trüffeln verwendet.“ (S. 120). Als die Notwendigkeit, die Herde gegen Prädatoren zu verteidigen, geringer wurde, wurden gerne kleinere Hunderassen wie der Border Collie eingesetzt, die weniger fraßen, dafür unermüdlich herumliefen.

33 Jan van der Straet:
Venationes ferarum, avium, piscium, pugnae bestiariorum:
et mutuae bestiarum. [Johannes Stradanus. Hrsg.: Joanne Gallae].
Antuerpiae: apud Joannem Galaeum, [ca. 1630].
Landesbibliothek Oldenburg: TE IX 2 22

Im Jahre 1567 erhielt der flämische Maler Jan van der Straet (1523-1605) vom vermögenden Kunstmäzen Cosimo I. de Medici den Auftrag, dessen Villa in Poggio a Caiano mit Jagdszenen und Wandteppichen zu dekorieren. Die Jagdbilder mit 28 eindrucksvoll gestalteten Verfolgungen von Wölfen, Wildschweinen, Bären, Löwen und Elefanten wurden in ganz Europa bekannt.
Die aufgeschlagene Szene (Nr. 48) gehört zu einer weiteren Reihe von 100 Stichen, die ebenfalls durch ihren dynamischen Stil das Genre der barocken Jagdszene prägten. Füchse greifen weidendes Vieh (Rinder und Schafe) an. Der Hirte und sein Hund versuchen, sie zu vertreiben, während die Herde in den Wald flüchtet.
In der Bronzezeit taucht ein recht großer Hund auf, der in vielerlei Hinsicht den späteren europäischen Hütehunden ähnlich ist. Die häufigen Funde dieses Typus aus der Bronzezeit hängen vermutlich mit der wachsenden Bedeutung der Schafzucht für die Wirtschaft jener Zeit zusammen. Jahrtausende lang wurden die verschiedenen Methoden, Hunde zu trainieren, mündlich überliefert. Es gibt im Wesentlichen eine Handvoll Kommandos, von denen das wichtigste der Befehl ist, die Schafe zurück zum Hirten zu treiben. Der genaue Wortlaut variiert; auch Pfeifsignale und Handzeichen sind möglich. Das tägliche Zusammenleben von Hund und Schäfer führt dazu, dass der Hund jeden Wink und jedes Wort genau versteht.

In Niedersachsen hatten Schäferhunde meistens kurze, kräftig gesprochene Namen wie: Wasser, Ziep, Türf, Sultan, Strom, Lustig, Prinz, Flick, Pollo, während Hofhunde gehobenere Namen erhielten, etwa Hofmann, Karo, Nimrod, Juno, Diana, Phylax oder Pluto.

Füchse greifen weidendes Vieh an.

34 Der wohlerfahrne Landwirth, Welcher deutlichen und sichern Unterricht giebet, wie man Rindvieh, Schafe, Schweine, Ziegen, Esel, Hunde &c. &c. ingleichen Hüner und Federvieh auferziehn, füttern, vermehren, mästen und allen ihren Kranckheiten abhelfen soll; auch was man beim Viehhandel in acht zu nehmen hat (…)
Herausgegeben von A.S.
Leipzig: in der Großischen Handlung, 1751.
Landesbibliothek Oldenburg: NW II 7 g 55 B,2

Der wohlerfahrne Landwirth gehört zu einer Reihe von praktischen Handbüchern, mit denen Landwirte im 18. Jahrhundert ihr Fachwissen erweitern konnten. Das aufgeschlagene Frontispiz zeigt einen Bauernhof mit Federvieh, Hunden, Pferden, Eseln und Rindern. Im Hintergrund grasen Schafe auf der Weide. Anders als das Wildschaf ist das domestizierte Schaf für Krankheiten sehr anfällig, weil es häufig von Räudemilben, Sandläusen, Schaflausfliegen und anderen lästigen Parasiten befallen wird. *Der wohler-*

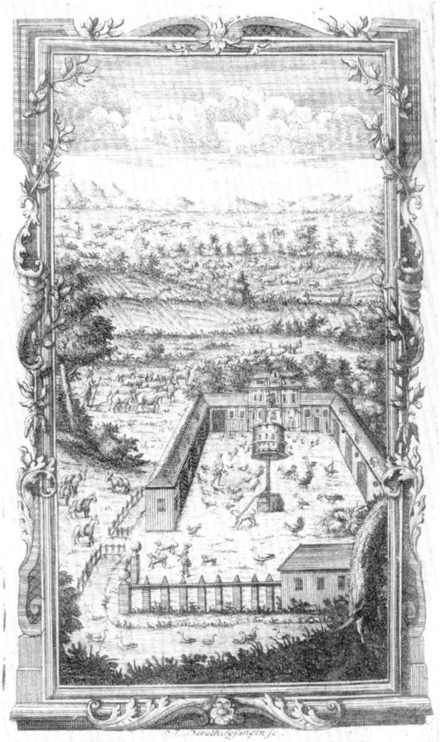

fahrne Landwirth listet über 60 Krankheiten mit ihren Behandlungen und Heilmitteln auf. Bis sich zum Ende des 18. Jahrhunderts der akademische Beruf des Tierarztes etablierte, und noch lange danach, gehörte die medizinische Versorgung der Tiere, ebenso wie Kupieren und Kastrieren, zu den alltäglichen Aufgaben des Schafhalters.
Der gezeigte Band stammt aus der Bibliothek des Oldenburger Hof- und Garnisonsmedicus, später Landphysicus des Herzogthums, Gerhard Anton Gramberg (1744-1818).

Bauernhof mit Tieren; im Hintergrund Schafe auf der Wiese.

35 Georg Paul Hönn:
Betrugs-Lexicon, worinnen die meisten Betrügereyen in allen Ständen nebst denen darwider guten Theils dienenden Mitteln entdecket. Zweyte und vermehrte Edition.
Coburg: Pfotenhauer, 1721.
Landesbibliothek Oldenburg: NAT 1 b 5

Aufgrund der anspruchsvollen Tätigkeiten und hoher Verantwortung seiner Arbeit wird der Charakter des Schäfers in den meisten Kulturen hochgeschätzt. Andererseits bescherten die Einsamkeit in Kombination mit dem ständigen Zusammenleben mit den Tieren und die langen Mußephasen dem Hirtendasein einen schlechten Ruf. Dieser Topos wurde vom bayerischen Juristen Georg Paul Hönn (1662-1747) auf amüsanter Art und Weise aufgegriffen. Im *Betrugs-Lexicon* werden typische Betrugsstrategien verschiedener gesellschaftlicher Gruppen satirisch dargestellt, gewürzt mit Sprichwörtern, Reimen und Handwerkersprüchen. Die Summe der aufgeschlagenen Betrugsweisen der Hirten (11 Stück) und Schäfer (23 Stück) wird nur übertroffen von denen der Apotheker (30), Bauern (48), Beamten (31), Diebe (27), Geistlichen (23), Gelehrten (26) , Materialisten (33), Roß-Kämmer (33), Spieler (25) und Studierenden (35). Die höchste Zahl überhaupt ergibt jedoch der Selbstbetrug (79). Nachdem die Erstauflage (1721-1730) in Böhmen konfisziert wurde, weil sie bei den Katholiken zu Irritationen führte, strich der Autor in den zahlreichen späteren Editionen insbesondere die Kapitel über Mönche und Nonnen.

36 Hendrik de Leth und Matthaeus Brouerius van Nidek:
Het zegepralent Kennemerland. Vertoond in 100 Heerlyke Gezichten, Van de voornaamste Lustplaetsen, Adelyke Huizen, Dorp- en Stedegebouwen; (…) Naar 't leven getekent en in 't koper gebragt (…)
En kortelyk beschreeven (…).
Amserdam: Jan Roman, [1732].
Landesbibliothek Oldenburg: GE II 2 f 58

„Das Außenleben ist das amüsanteste, preiswerteste, gesündeste und glücklichste Leben.“ Nach diesem Motto leisteten sich reiche niederländische Bürger im 18. Jahrhundert Landhäuser und Lusthöfe, wo sie Idealvorstellungen über das Landleben zu verwirklichen versuchten. In *Het zegepralend Kennemerland* werden 100 idyllische Vergnügungsorte zwischen den Städten Alkmaar und Haarlem vom Schriftsteller Mattheus Brouerius van Nidek (1677-1743) und Grafiker Hendrik de Leth (1703-1766) in Wort und Bild präsentiert.
Aufgeschlagen ist eine Abbildung der Kirche im Dorf Heemskerk. Nachdem spanische Truppen die Kirche während der Belagerung Haarlems im Jahre 1573 bis auf den Turm zerstört hatten, wurde im 17. Jahrhundert eine kleinere Kirche errichtet. Die Ruine der alten Kirche war zu Anfang des 18. Jahrhunderts noch sichtbar. Rechts im Vordergrund zwei Schafe, von denen eins von einem Pärchen in urbaner Kleidung gemolken wird.
Dieses pastorale Motiv passt zur ländlichen Idylle und spiegelt zugleich eine soziale Wirklichkeit, in der Männer und Frauen sich in vielen Kulturen gemeinsam um Schafe kümmerten. Anders als Kühe werden Schafe von hinten gemolken. Die Bereitschaft der Aue, Milch zu geben, ist größer, wenn, wie auf dem Bild, sich ein jüngeres Tier in der Nähe befindet. Die Auen legen

Wert darauf, dass diejenigen Schafe, die in der Herde den höchsten sozialen Status besitzen, zuerst an die Reihe kommen. Die besonders fette Milch (7,5 %) ist sehr nährreich und eignet sich hervorragend zur Käseherstellung, wie sie der einäugige Zyklop Polyphemos aus Homers *Odyssee* bereits im 12. Jahrhundert v. Chr. praktizierte. Bekannte Schafmilchprodukte sind Feta (Griechenland), Pecorino (Italien), Skyr (Island) und der französische Lieblingskäse Karls des Großen (742-814): Roquefort.

37 Maria Sibylla Merian:
Erucarum Ortus, Alimentum et Paradoxa Metamorphosis.
Amstelaedami: Joannes Oosterwyk, [1718].
Landesbibliothek Oldenburg: NW II 7 e 180

Die Malerin-Naturforscherin Maria Sibylla Merian (1647-1717), Tochter des Kupferstechers Matthäus Merian (vgl. Nr. 3), war seit ihrer Kindheit von Insekten fasziniert. Im *Raupenbuch* (1679-1717) beschreibt sie ihre Studien zur Entwicklung der Schmetterlinge vom Ei über die Raupe und Puppe bis zur Imago. Ab 1685 lebte sie in den Niederlanden, ab 1691 in Amsterdam, von wo aus sie 1699-1701 eine Forschungsreise nach Surinam unternahm. Hier sammelte sie Materialien für ihr Hauptwerk *Metamorphosis insectorum surinamiensium* (1705). In eigenhändig kolorierten Stichen präsentiert die Autorin Insekten mit den Pflanzen, auf denen sie sich aufhalten und von denen sie sich ernähren. Die aufgeschlagene Tafel 32 in der lateinischen *Raupenbuch*-Ausgabe zeigt *Erice florens* ('blühende Heide') mit verschiedenen Raupen, Puppen und Schmetterlingen, die Merian im August von zwei aufeinander folgenden Jahren beobachtet hat.
Die von Merian gezeichnete Wirtspflanze ist die im Spätsommer blühende Besenheide (*Calluna vulgaris*), die prägende Pflanzenart der Heidelandschaft. Durch Entholzung entstanden im Mittelalter in großen Teilen der Niederlande und Deutschlands ausgedehnte Heideflächen. Als ab dem 14. Jahrhundert die Tuchweberei die Gewerbs- und Wirtschaftsstruktur Europas bestimmte, stiegen die Wollpreise rapide an. Die Haltung der kleinwüchsigen Heidschnucken, die nicht nur Heidekraut, sondern auch Gras und Gehölze fraßen, machte die norddeutschen Geestgebiete zu einer heidebewachsenen Kulturlandschaft. Ihre Wolle war grob und der Fleischertrag gering, aber die Schnucken wurden vor allem wegen ihres Dungs gehalten, mit denen die Bauern die Ackerböden verbesserten. In den Schafställen wurde

der Sandboden mit Heideplaggen ausgelegt. Immer wenn diese mit Dung gesättigt waren, wurde eine neue Schicht aufgetragen, bis die Schafe knapp unter der Decke standen. Erst im Frühling wurde der Stall 'ausgemistet'.

38 Wilhelm Bomann:
Bäuerliches Hauswesen und Tagewerk im alten Niedersachsen.
Weimar: Böhlau, 1927.
Landesbibliothek Oldenburg: GE III 2 347

Die schwedischen Vorfahren des Volkskundlers Wilhelm Bomann (1848-1926) waren Kürschner und stellten später in Celle Wollwaren her. Nach einer kaufmännischen Lehre arbeitete Bomann um 1870 in New York in der amerikanischen Niederlassung der Wollgarnspinnerei und -färberei seines Vaters, die er nach dessen Tod im Jahre 1877 übernahm. Seine Leidenschaft war das Sammeln von bäuerlichen und städtischen Gebrauchsgegenständen, die heutzutage im Bomann-Museum in Celle ausgestellt werden. Ein Jahr nach seinem Tod erschien die Monografie *Bäuerliches Hauswesen und Tagewerk im alten Niedersachsen*, die noch im Jahre 2014 eine fünfte Auflage erlebte.
Hier skizziert Bomann sehr genau die tägliche Arbeit der norddeutschen Schäfer um 1900. Kurz nach dem Wecken um vier oder halb fünf Uhr morgens geht der Schäfer mit einigen Knechten in die Heide um Heidekraut als Streu für den Stall zu hauen. Gegen sieben Uhr folgen auf dem Hof Morgenandacht und Morgenbrot, wonach der Schäfer mit den Schafen in die Heide zieht. Das zweite Frühstück, inklusiv Brot für den Schäferhund, führt er mit sich in einem Leinentuch.
Nicht nur der Bauer, sondern auch die Bäuerin, die Kinder, manche Dienstboten und der Schäfer selbst besitzen Schafe in der Herde. Um die Tiere zu kennzeichnen, werden sie mit Einschnitten in die Ohren versehen.
Bei eintretender Dämmerung werden die kleineren Herden (200-300 Schafe) auf den Hof zurück und in den Stall getrieben. Die großen Herden (300-400 Schafe) bleiben, abgesehen von der Lammzeit, das ganze Jahr über in der Heide, wo sie in einem Außenstall übernachten. Der Schäfer findet Unterkunft in einer Schäferkarre. Im Winter schlägt der Schäfer den zusammengefrorenen Schnee auseinander, so dass die Schafe das Heidekraut leichter erreichen können.
Um Ostern herum ist Lammzeit; dann bringt der Schäfer an manchen Tagen drei oder vier draußen auf der Heide geborenen Lämmer im leinenen Lammbeutel nach Hause.

Im Monat Juni werden die Schafe geschoren, nachdem sie vorher in einem Heidebach gewaschen wurden.
Aufgeschlagen (S. 180-186) sind Abbildungen von Werkzeugen zum Abplaggen, von Hirtenstäben, von Schafmalen, mit denen bis zu 22 verschiedene Besitzer bezeichnet wurden, von Schafglocken und Schafscheren sowie von einer Schäferkarre (S. 186).

39a Gerd Völksen:
Die Lüneburger Heide. Entstehung und Wandel einer Kulturlandschaft.
Göttingen: Göttinger Tageblatt, 1984.
(Aktuelle Themen zur niedersächsischen Landeskunde. 3)
Landesbibliothek Oldenburg: ZS 4417: 3

39b Richard Linde:
Die Lüneburger Heide. Fünfte Auflage.
Bielefeld/Leipzig: Velhagen & Klasing, 1920.
Landesbibliothek Oldenburg: 4-11-1368

Das Ausmaß der Heideplaggenwirtschaft ließ erst nach, als im 19. Jahrhundert der Kunstdünger erfunden wurde und australische, südafrikanische und südamerikanische Wollimporte die Schafzucht unrentabel machten. Während es im Jahre 1870 in Deutschland schätzungsweise 1 Million Heidschnucken gab, war die Zahl im Jahre 1919 auf 170.000 zurückgegangen, im Jahre 1939 auf 100.000. Im Jahre 2004 betrug die Zahl der gemeldeten Heidschnucken in ganz Deutschland 17.000.
Aufgeschlagen ist ein Foto einer Heidelandschaft mit Schnuckenherde. Die ausgelegten Karten dokumentieren die Landschaftsveränderung und den Rückgang der Heideflächen im Raum Lüneburg über einen Zeitraum von 200 Jahren.

7. Das Wollen-Thier

40 Herbert Doehner (Hrsg.):
Die Leistungen des Schafes: Wolle, Fleisch, Leder, Milch, Dung.
Berlin: Parey, 1954.
(Handbuch der Schafzucht und Schafhaltung. Band 4).
Landesbibliothek Oldenburg: WA 673

Schafwolle ist ein besonderes Naturprodukt: die Fasern sind weich und stark zugleich; im Winter wirkt Wolle wärmend, im Sommer kühlend. Wolle besteht ebenso wie das menschliche Haar aus Keratin, ist aber stark gekräuselt und elastisch. Somit wirkt die Luft im Gewebe isolierend und wärmend. Wie die aufgeschlagenen Vergrößerungsaufnahmen zeigen, sind die Fasern mit mikroskopisch kleinen, dachziegelförmigen Schuppen bedeckt, die Feuchtigkeit abweisen; durch kleine Risse zwischen den Schuppen kann Wolle dennoch sehr viel Feuchtigkeit aufnehmen und sich trotzdem trocken anfühlen, dabei sogar Wärme abgeben. Die hohe Hydrophilie macht das Material auch zum Färben hervorragend geeignet.

41 Jan Luyken, Casper Luyken:
Het Menselyk Bedryf. Vertoond in 100 Verbeeldingen van: Ambachten, Konsten, Hanteeringen en Bedryven; met Versen.
Amsterdam, 1694.
Landesbibliothek Oldenburg: GE V 4 351,2

In *Het Menselyk Bedryf* versahen Jan Luyken (vgl. Nr. 15) und sein Sohn Casper (1672-1708) 100 detaillierte Darstellungen von Berufen und handwerklichen Tätigkeiten mit moralisierenden Versen. Aufgeschlagen ist Stich Nr. 15: *De Wolbereider.*
Nach der Schur ist die weitere Verarbeitung der Wolle ein arbeitsaufwändiger Prozess. Vor dem Spinnen, bei dem die Fasern zu Garn zusammengedreht werden, wird die Wolle gewaschen und gekämmt, um sie zu reinigen und die kurzen Fasern von den langen zu trennen und um zu bewirken, dass die Fasern parallel angeordnet werden. Zu den weiteren Schritten gehören Begutachten und Sortieren, Färben, Weben und Stricken.
Die vom Wollbereiter gewaschene Wolle wird im niederländischen Begleitgedicht verglichen mit einer Seele, die rein von Sünden ist.

Waschen und Kämmen der geschorenen Wolle.

42 Oscar Montelius:
Kulturgeschichte Schwedens. Von den ältesten Zeiten bis zum elften Jahrhundert nach Christus. Mit 540 Abbildungen.
Leipzig: E.A. Seemann, 1906.
Landesbibliothek Oldenburg: GE VIII A 5 447

Der schwedische Prähistoriker Gustaf Oscar Augustin Montelius (1843-1921) ist vor allem bekannt durch ein Werk mit dem schlichten Titel *Die Methode* (1903). Hier präsentierte er erstmals einen Forschungsansatz, mit dem Artefakte aufgrund ihrer Formgebung chronologisch eingeordnet und somit relative Chronologien erstellt werden konnten. Das von ihm vorgeschlagene Verfahren hat als „die Typologische Methode" Schule gemacht.
Ein weiterer Schwerpunkt Montelius' war die allgemeine Zivilisationsgeschichte. In seiner üppig bebilderten *Kulturgeschichte Schwedens* beschreibt er eine überraschende Verwendung von Wolle in den nordischen Kulturen: dicht gewebte Streifen Wolltuch wurden zusammengenäht zu großen Segeln, mit deren Hilfe die Wikinger auf großen Handelsschiffen, *knarr* genannt, die Meere des Nordatlantiks und Europas durchkreuzten und Amerika erreich-

ten. Die Wolle, die schwarz, rot, gelb, blau oder grün gefärbt und mit Schafwollfett wasserfest gemacht wurde, war aufgrund ihrer Dichte und Elastizität zum Segeln sehr geeignet. Für die Flotte der Wikinger um 1050 wurde die Wolle von schätzungsweise zwei Millionen Schafen benötigt. Aufgeschlagen (S. 260-261) sind Abbildungen von Wikingerschiffen, u.a. vom Teppich von Bayeux, auf dem die Eroberung Englands durch die Normannen im Jahre 1066 abgebildet ist. Bis ins 19. Jahrhundert waren in Skandinavien Segel aus Wolle im Gebrauch.

Die Abbildung auf S. 293 zeigt einen vertikalen Gewichtswebstuhl von den Färöern, sowie er dort und auf Island bis ins 20. Jahrhundert noch in Gebrauch war, nachdem sich in Mitteleuropa der horizontale Webstuhl bereits im 10. Jahrhundert verbreitet hatte. Mit dem waagerecht liegenden Kettfäden, die am unteren Ende mit Webgewichten beschwert sind, war es leichter, komplizierte Muster und verschiedene Farben zu weben, vor allem für breite Textilien wie Wandteppiche. Angelehnt ist ein Stab mit gekämmten Wollfasern, von denen eine Handspindel herunterhängt, ein Gerät zum Verspinnen von Fasern zu Garn mit Hilfe eines Schwunggewichtes (Spinnwirtel). Die Kettfäden im Webstuhl werden mit einem schwertähnlichen dünnen Stock aus Holz oder Knochen zusammengedrückt, mit dem der manuell eingebrachte Schussfaden angeschlagen wird. Ebenfalls abgebildet (Fig. 463) ist ein Webschert aus Norwegen, hergestellt aus Walknochen. Der dänische Name *Færøerne* stammt von altnordisch *Færeyar* ('Schafinseln) und kann zerlegt werden als *Fær-ø-er-ne*: (Woll)Vieh-insel-n'.

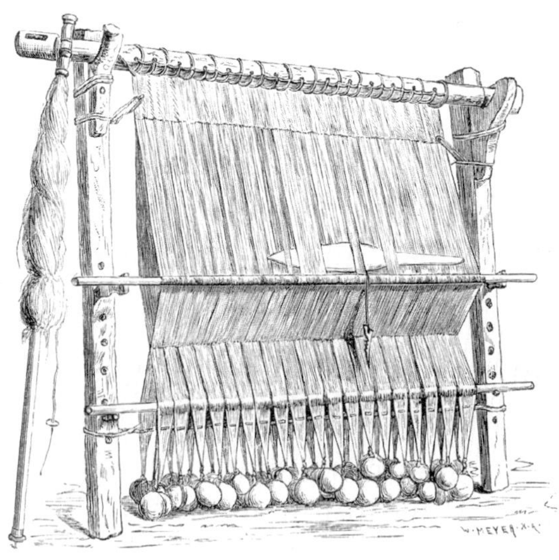

Vertikaler Webstuhl der Färöer.

8. *Das Schaf in Oldenburg*

43 Eike von Repgow:
Der Oldenburger Sachsenspiegel: Codex Picturatus Oldenburgensis CIM 1 410 der Landesbibliothek Oldenburg; [Faksimile-Ausgabe:] Dit is der sasse[n] speyghel.
Graz: Akademische Druck- und Verlagsanstalt, 1995.
Landesbibliothek Oldenburg: CIM III 352

Die von Eike von Repgow (zwischen 1180-1190 - nach 1233) zwischen 1224 und 1230/31 angefertigte mittelniederdeutsche Übersetzung des lateinischen Textes des Sachsenspiegels ist in über 400 Abschriften erhalten. Der Oldenburger Sachsenspiegel von 1336 (Signatur: CIM I 410) ist eine von nur vier überlieferten Bilderhandschriften dieses bedeutenden mittelalterlichen Rechtsbuches. Die 136 Pergamentblätter wurden im Jahre 1336 im Auftrag von Graf Johann II von Oldenburg im Kloster Rastede vom Mönch Hinrich Gloyestein beschrieben. Mit der Aufzeichnung wollte der Graf die Rechtssicherheit in seinem Land wiederherstellen; weil fast alle älteren Ritter und Dienstleute gestorben waren, war kaum noch jemand mit den althergebrachten Rechtssätzen vertraut.

Lämmer treten an zur Zählung.

Im Oldenburger Land und in großen Teilen Europas gab es im Mittelalter zahlreiche Bauern, die kleine Äcker bewirtschafteten, die nicht durch Zäune eingegrenzt waren. Für die Schafhaltung wurden aus Gemeinschaftsmitteln Hirten beschäftigt, deren Aufgabe es war, die Schafe tagsüber zu weiden und abends wieder zu ihren Besitzern zu führen. Wenn die Schafe die Äcker der Bauern beschädigten, haftete der Hirte. Folio 55r zeigt Schafe, die die Felder zertrampeln, sowie eine Ziege und Rinder, die das Gewächs fressen. Rechts der Hirte, der mit besorgter Miene einen mahnenden Zeigefinger hebt.
Am Tag der heiligen Walburga (1. Mai) wurden die Lämmer gezählt, damit der Steuersatz bestimmt werden konnte. Auf Folio 58v sind vier erwartungsvoll schauende Lämmer in Reih und Glied angetreten.

44 [C. Petersen]:
Mittheilung über den Betrieb der Rindvieh-, Schaf- und Schweinezucht im Herzogthum Oldenburg. In Veranlassung der internationalen landwirtschaftlichen Ausstellung in Bremen im Juni 1874 gedruckt.
Oldenburg: Stalling, 1874.
Landesbibliothek Oldenburg: GE IX A 650

Der Gutsverwalter Christian Petersen (1835-1909) wurde im Jahre 1873 zum Generalsekretär der Oldenburgischen Landwirtschafts-Gesellschaft gewählt. In dieser Funktion erstellte er aus Anlass der internationalen landwirtschaftlichen Ausstellung in Bremen eine Bestandsaufnahme des Viehs in Oldenburg. Demnach gab es im Jahre 1874 im Herzogtum Oldenburg 27.629 Pferde, 178.065 Rinder, 176.952 Schafe, 42.740 Schweine, 14.727 Ziegen sowie 32.829 Bienenstöcke. Knapp nach der Rinderzucht nahm die Schafhaltung also den zweiten Rang ein. Heutzutage gibt es in ganz Niedersachsen noch ca. 236.000 Schafe, also wesentlich weniger.
Zu den Oldenburger Schafen zählten 149.728 Heidschnucken, 21.331 friesische Schafe, 5.555 veredelte Fleischschafe und 338 Merinos. Daran wird erkennbar, dass die Plaggenwirtschaft und die Heideflächen auf der Oldenburger Geest noch sehr ansehnlich waren. Das friesische Milchschaf war eher in den Marschgebieten verbreitet.

45 Heinrich von Mendel-Steinfels:
Die Rindvieh-, Schaf- und Schweinezucht im Großherzogtum Oldenburg.

Verfaßt im Auftrage der Oldenburgischen Landwirtschafts-Gesellschaft.
Bremen: Heinsius, 1883.
Landesbibliothek Oldenburg: GE IX A 647

Neun Jahre nach Petersen skizziert Petersens Nachfolger als Generalsekretär der Oldenburgischen Landwirtschafts-Gesellschaft, Heinrich von Mendel-Steinfels (1849-1902), ein völlig anderes Bild. Während das ostfriesische Milchschaf und dessen Kreuzungen mit dem englischen Fleischschaf deutlich auf dem Vordermarsch und auch in anderen Regionen Deutschlands erfolgreich seien, scheinen die Heidschnucken „in Oldenburg auf den Aussterbeetat gesetzt zu sein, indem ihnen die fortschreitende Kultur des Bodens mehr und mehr Terrain entzieht und so wird eine Zeit kommen, wo man dieses Produkt extensivster Wirtschaft nur mehr in zoologischen Gärten findet."
Die Zahl der Merinoschafe sei nach wie vor vernachlässigbar: „Oldenburgs Schafzucht ist von den Bestrebungen seiner Wollerzeugung im Laufe der Zeit völlig unberührt geblieben; keine Merinoherde hat je auf den Fluren des Herzogthums geweidet. Die Besitz- und Bodenverhältnisse ließen es nicht zu, daß die edlen Wollschafe bei ihrem Triumphzuge durch ganz Deutschland (...) auch im Lande Oldenburg sich ansiedelten."
Mit „den Bestrebungen seiner Wollerzeugung" spielte der Autor im Jahre 1883 auf die Norddeutsche Woll- und Kammgarnspinnerei an, kurz Nordwolle genannt, die ein Jahr später von Christian Lahusen (1820-1898) in Delmenhorst gegründet wurde. Der Standort im Oldenburger Land war gut gewählt: Mit dem Wasser der Delme konnte die Wolle gewaschen werden, während über die 1867 eröffnete Bahnstrecke Bremen-Oldenburg die Rohware angeliefert wurde. In der Regel allerdings nicht aus Oldenburg, sondern aus Bremen, wo die weltweit aufgekaufte Wolle per Schiff ankam. Weil Bremen bis 1888 nicht zum Reichszollgebiet gehörte, wurden dort hohe Zölle auf Fertigwaren fällig; dies war der Grund, warum der Bremer Kaufmann Lahusen die industrielle Produktion ins Umland verlagerte. In Oldenburg lieferte die lokal produzierte Schafwolle Mendel-Steinfels zufolge immerhin „für den kleinen Mann treffliches Material zur Herstellung eigener Winterkleidung; hierdurch wird der Anlaß zu einer Hausindustrie gegeben."

46 Helmut Meiner:
Das deutsche weißköpfige Fleischschaf in Oldenburg.
Leipzig: Kommissionsverlag Schaper, 1927.

(Abhandlungen des Instituts für Tierzucht und Molkereiwesen an der Universität Leipzig. 10)
Landesbibliothek Oldenburg: 82-0579

Im Jahre 1927 bracht der Leipziger Tierzuchtinspektor Helmut Meiner einen Abriss über „den Blutaufbau und die Leistungsfähigkeit des Deutschen Weißköpfigen Fleischschafes in Oldenburg“ heraus. Diese Rasse, auch Butjadinger Schaf genannt, war im 19. Jahrhundert im nordöstlichen Teil des ehemaligen Herzogtums durch Kreuzungen vor allem mit niederländischen Texelschafen und englischen Cotswolds entstanden. Im Jahre 1918 schlossen sich die Züchter in der „Züchtervereinigung des schweren, frühreifen Butjadinger Mutterschafes“ zusammen, die im Jahre 1922 den Namen „Oldenburger Schafzüchtervereinigung e.V.“ erhielt. Im Jahre 1927 zählte sie bereits 500 Mitglieder.
Für die Mitglieder bildeten Wanderausstellungen, Tierschauen, Wettbewerbe und Auktionen wichtige Vernetzungstreffen. Im Jahre 1925 errungen die Oldenburger in Stuttgart mit den Schwarzköpfigen Fleischschafen den 1. Sammlungspreis, im Jahre 1927 in Dortmund den Siegerpreis für den besten älteren Fleischschafbock.
Aufgeschlagen ist ein Foto vom Schafbock Flieger 1222 mit Nachkommen bei der Deutsche-Landwirtschaft-Gesellschaft-Ausstellung in Dortmund 1927. Meiner umschreibt Flieger 1222 (geb. 1922) als „prachtvolles Vatertier mit ausgezeichneter Vorhand und prächtigem, langem, dabei breitem Rücken. Ein ideales Becken und eine feste Niere, sowie eine vollkommen korrekte Beinstellung zeichnen ihn geradezu als ein Idealtier aus.“
Die ebenfalls gezeigte männliche Blutlinie des Bockes Abdul-Hamid 85 weist 235 direkte und indirekte Nachkommen auf. Abdul-Hamid 85 (geb. 1918) sei „ein derbes, kräftiges Vatertier von mittlerer Größe mit sehr kräftigem Fundament.“ Fehlerhaft sei jedoch die Stellung der Hinterbeine, nämlich „zu eng und mit einem steilen Sprunggelenk behaftet.“
Meiners Fragestellung, seine Messmethoden zur Leistungserfassung und die Herdbuchführung entsprechen der Rationalisierung und Verwissenschaftlichung der Schafzucht, sowie sie in der ersten Hälfte des 20. Jahrhunderts von zahlreichen neugegründeten Organisationen und Vereinen vorangetrieben wurde. Diese organisierten sich im Jahre 1934 in einem Dachverband, der heutigen Vereinigung Deutscher Landesschafzuchtverbände e.V.

9. Die Welt des Schafes

47a Jeffrey Moussaieff Masson:
The Pig Who Sang to the Moon. The Emotional World of Farm Animals.
New York: Ballantine Books, 2003.
Landesbibliothek Oldenburg: 25-8081

47b Jeffrey Moussaieff Masson, Susan McCarthy:
Wenn Tiere weinen. Deutsch von Catharina Berents.
Reinbek bei Hamburg: Rowohlt, 1996.
Landesbibliothek Oldenburg: 96-21380

Der amerikanische Psychiater-Philosoph Jeffrey Masson (geb. 1941) und die Journalistin-Biologin Susan McCarthy (geb. 1955) setzen sich mit der Frage auseinander, ob Tiere ein Bewusstsein haben und welche Gefühle sie empfinden.
Genau wie Hunde reagieren Schafe, wenn man sie mit ihren Namen anspricht. Sie erkennen andere Schafe und Menschen am Gesicht und können sie noch nach Jahren wiedererkennen. Filme im Fernsehen werden von ihnen aufmerksam verfolgt. Das Aufhängen von Schafsporträts im Stall führt zu einer deutlichen Senkung des Adrenalinspiegels und der Pulsfrequenz, offensichtlich weil die Tiere sich dann nicht allein fühlen. Ein Lamm signalisiert seinen Spieltrieb, indem es vertikal nach oben springt. In Neuseeland passiert es regelmäßig, dass Schafe erschossen werden, wenn sie herausgefunden haben, wie sie das Tor des Geheges öffnen können. Diese schlauen Individuen werden getötet, um zu verhindern, dass sie ihren Artgenossen dieses Wissen beibringen. Weiderosten werden überwunden, indem Schafe auf dem Rücken darüber rutschen. Es lässt sich nicht leugnen, dass das Schaf über Intelligenz und ein reiches und tiefes Gefühlsleben verfügt.

48 Formafantasma Oltre Terra. The National Museum of Art, Architecture and Design. Publication editors: Hanne Eide, Kristian Wikborg Wiese.
Köln: Verlag der Buchhandlung Walther und Franz Koenig, 2023.
Landesbibliothek Oldenburg: 4-23-0385.

Im Jahre 2022 wurde das norwegische Nationalmuseum für Kunst, Architektur und Design in der Hauptstadt Oslo mit einer multimedialen Ausstellung zum Thema Geschichte, Ökologie und globale Dynamik der Wollgewinnung eröffnet. Anhand von Fotos und Installationen wurde der Betrachter eingeladen, die industrielle Instrumentalisierung des Schafes zu reflektieren. Die aufgeschlagenen Schwarz-Weiß-Fotos aus der Installation *Tactile afferents* der polnischen Künstlerin Joanna Piatrowska (geb. 1985) inszenieren Menschen in Berührung mit Schafen. Die Gesten changieren zwischen Nähe und Bedrohung und rufen widersprüchliche Gefühle auf: Geht es um Sorge oder Gewalt, um Schutz oder Manipulation? Und was empfindet dabei eigentlich das Schaf?

Der Oldenburger Schafbock Flieger 1222 (geb. 1922) mit Nachkommen auf der Deutsche-Landwirtschaft-Gesellschaft-Ausstellung in Dortmund 1927 (Nr. 46).

Literatur

Die genannten Signaturen beziehen sich auf die Landesbibliothek Oldenburg.

Domestizierung

Benecke, Norbert: *Der Mensch und seine Haustiere. Die Geschichte einer jahrtausendealten Beziehung.* Stuttgart. Theiss, 1994. Signatur: 94-1420.

Clason, A.T.: *Jacht en veeteelt van de prehistorie tot middeleeuwen.* Haarlem: Fibula-Van Dishoeck, 1977.

Darwin, Charles: *Das Variiren der Thiere und Pflanzen im Zustande der Domestication.* Dritte, nach der zweiten englischen berichtigte Ausgabe. Stuttgart: Schweizerbarth, 1878. Signatur: 58-4653:3.

Gautier, Achilles: *La domestication. Et l'homme créa ses animaux.* Paris: Errance, 1990. Niederländische Ausgabe: *De gouden kooi. Over het ontstaan van het huisdier.* Antwerpen: Hadewych, 1998.

Gonnissen, Louis: *10.000 jaar huisdieren.* Tweede druk. Leuven: Davidsfonds, 1996.

Hemmer, Helmut: *Domestikation. Verarmung der Merkwelt.* Braunschweig/Wiesbaden: Vieweg, 1983. Signatur: 84-2004.

Reichholf, Josef. H.: *Warum die Menschen sesshaft wurden. Das größte Rätsel unserer Geschichte.* Frankfurt am Main: S. Fischer, 2008. Signatur: 08-4690.

Roberts, Alice: *Spiel des Lebens. Wie der Mensch die Natur und sich selbst zähmte.* Darmstadt: Theiss, 2019. Signatur: 19-2269.

Zeuner, Frederick: *Geschichte der Haustiere.* München: Bayerischer Landwirtschaftsverlag, 1967. Signatur: 88-2900.

Kulturgeschichtliches

Bottema, S. & A.T. Clason: *Het schaap in Nederland.* Met bijdragen van Jeanne Nicole MacGillavry en E. Pelinck. Zutphen: Thieme, 1979.

Coulthard, Sally: *A Short History of the World According to Sheep.* London: Head of Zeus, 2020. Signatur: 23-4041.

Davis, P.D.C. & A.A. Dent: *Animals that Changed the World. The Story of the Domestication of Wild Animals.* New York: Crowel-Collier, 1968.

Daniel Etter: *Feldversuch. Mein Hof und die Suche nach der Zukunft der Landwirtschaft.* München: Penguin, 2024. Signatur: 24-4142.

Formafantasma Oltre Terra. The National Museum of Art, Architecture and Design. Köln: Verlag der Buchhandlung Walther und Franz Koenig, 2023. Signatur: 4-23-0385.

Fuhr, Eckhard: Schafe. *Ein Portrait.* Berlin: Matthes & Seitz, 2017 (Naturkunden 31). Signatur: 17-1481.

Garber, Klaus: *Europäische Schäfer-, Landleben- und Idyllendichtung. Eine Einladung zum Lesen.* Göttingen: Wallstein, 2021. Signatur: 21-3864.

Haid, Hans: *Das Schaf. Eine Kulturgeschichte.* Wien/Köln/Weimar: Böhlau, 2010. Signatur: 10-6191 und 84-2004.

Im Zeichen des Schafes (...). Herausgegeben von den Museen der Stadt Delmenhorst auf der Nordwolle. Redaktion: Gerhard Kaldewei. Begleitveröffentlichung zur Sonderausstellung im Fabriksmuseum Nordwolle Delmenhorst vom 22.3-14.5.2000 und im Tuchmacher-Museum Bramsche vom 8.12.2000-21.1.2001. Oldenburg: Isensee, 2000. Signatur: 4-00-1098 und 4-02-1029.

Jacobeit, Wolfgang: *Schafhaltung und Schäfer in Zentraleuropa zum Beginn des 20. Jahrhunderts.* 2., bearbeitete Auflage. Berlin: Akademie-Verlag, 1987. Signatur: 93-1886.

Otten, Martine: *Kijk daar..... een kudde schapen! De geschiedenis van het Veluws Heideschaap, de schaapskooien, de herders en hun honden.* Tekeningen van Edwin van der Eijk en foto's van Huub Veldhuijzen. Oosterbeek: Kontrast, 2007.

Rebanks, James: *Mein Leben als Schäfer.* Aus dem Englischen von Maria Andreas. 3. Auflage. München: Penguin, 2020.

Ryder, M.L.: *Sheep & Man.* Third impression. London: Duckworth, 2007 (1983).

Sambraus, Hans Hinrich: *Farbatlas Nutztierrassen. 250 Rassen in Wort und Bild.* 6. Auflage. Stuttgart: Eugen Ulmer, 2001. Signatur: 02-0359.

Santillo Frizell, Barbro: *Arkadien. Mythos und Wirklichkeit.* Aus dem Schwedischen übersetzt von Ylva Eriksson-Kuchenbuch. Köln/Weimar/Wien: Böhlau, 2009. Signatur: 09-4455.

Sieverding, Nina, Anne Huntmann: *Schaf & Mensch. Wie sehen Schafhalter, Landschaftspfleger & Designer die Zukunft des Hausschafs?* Münster: Landwirtschaftsverlag, 2021. Signatur: FH: Agr 260 4-25-0063.

Toweill, Dale E. & Valerius Geist: *Return of Royalty. Wild Sheep of North America.* Missoula, Montana: Boone and Crocket Club Foundation for North American Wild Sheep, 1999.

Verein für Schäfereigeschichte e.V.: *Bibliographie Schäferei.* Zusammengestellt von Christine Schormayer und Erich Hutzelmann, unter Verwendung einer Bibliographie von Manfred Reinhard. Stand: Juni 2015. www.schaefereigeschichte.de/daten/Bibliographie.pdf

Welstead, William: *Writing on Sheep. Ecology, the animal turn and sheep in poetry.* Manchester: Manchester University Press, 2021.

Yarvin, Brian: *Lamb. A Global History.* London: Reaktion Books, 2015.

Ratgeber Schafhaltung

Lantinga, J.H.: *Schapen houden als liefhebberij.* Vierde druk. Baarn: Thieme, 1992.

Mendel, Christian: *Praktische Schafhaltung.* 6., erweiterte Auflage. Stuttgart: Ulmer, 2022. Signatur: FH: Agr 260 22-2934.

Rieder, Hugo: *Schafe halten.* 5. überarbeitete und neugestaltete Auflage. Stuttgart: Ulmer, 2010. Signatur: 11-0918.

Schippers, Hans L.: *Schapen. Oorsprong en historie, gedrag, rassen, voortplanting, huisvesting en verzorging, wol, gezondheid.* Zutphen: Roodbont, 2020 (Praktijkreeks hobbydieren).

Storey's Barn Guide to Sheep. Storey Publishing, o. J.

Thijsen, Felix: *Schapen houden. Een handleiding voor liefhebbers.* Amsterdam/Antwerpen: Kosmos, 1980.

Schwintzer, Ida: *Das Milchschaf. Von seiner Zucht und Haltung, von Milch, Fleisch und Wolle und mancherlei halbvergessenen Kunstfertigkeiten.* Fünfte, überarbeitete und erweiterte Auflage. Stuttgart: Ulmer, 1983. Signatur: 87-1484.